Prevención y seguridad en el montaje mecánico e hidráulico de instalaciones solares térmicas

Antonio Díaz Pérez

ic editorial

Editado por:
INNOVACIÓN Y CUALIFICACIÓN, S.L.
Avda. El Romeral, 2. Polígono Industrial de Antequera
29200 ANTEQUERA, Málaga
Teléfono: 952 70 60 04
Fax: 952 84 55 03
Correo electrónico: innova@antakira.com
Internet: www.innovacionycualificacion.com

Prevención y seguridad en el montaje mecánico e hidráulico de instalaciones solares térmicas

Autores: Antonio Díaz Pérez

1ª Edición

ISBN: 978-84-8364-454-6
Depósito Legal: MA-596-2011

Impresión: Antakira Grafic
Impreso en Andalucía - España

Presentación del manual

El **Certificado de Profesionalidad** es el instrumento de acreditación, en el ámbito de la Administración laboral, de las cualificaciones profesionales del Catálogo Nacional de Cualificaciones Profesionales adquiridas a través de procesos formativos o del proceso de reconocimiento de la experiencia laboral y de vías no formales de formación.

El elemento mínimo acreditable es la **Unidad de Competencia**. La suma de las acreditaciones de las unidades de competencia conforma la acreditación de la competencia general.

Una **Unidad de Competencia** se define como una agrupación de tareas productivas específica que realiza el profesional. Las diferentes unidades de competencia de un certificado de profesionalidad conforman la **Competencia General**, definiendo el conjunto de conocimientos y capacidades que permiten el ejercicio de una actividad profesional determinada.

Cada **Unidad de Competencia** lleva asociado un **Módulo Formativo**, donde se describe la formación necesaria para adquirir esa **Unidad de Competencia**, pudiendo dividirse en **Unidades Formativas**.

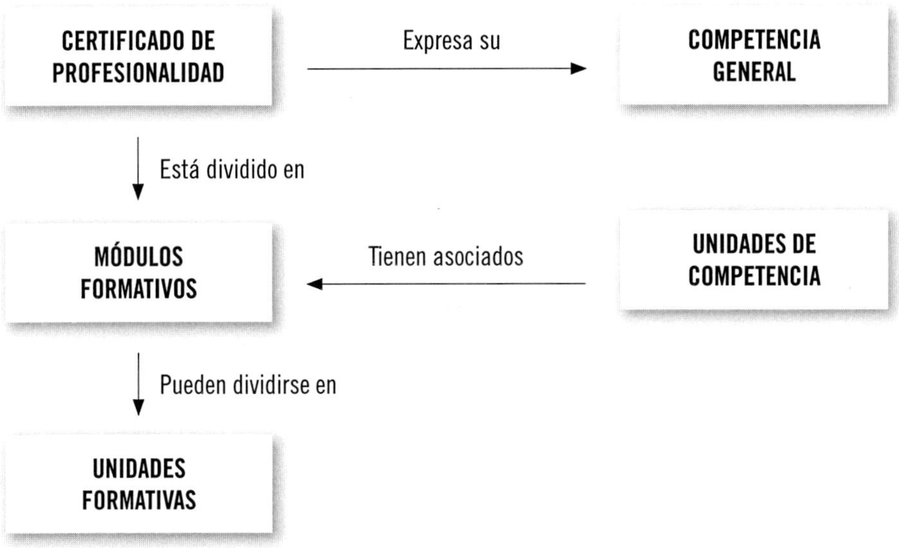

El presente manual desarrolla la Unidad Formativa **UF0189: Prevención y seguridad en el montaje mecánico e hidráulico de instalaciones solares térmicas,**

perteneciente al Módulo Formativo **MF00602_2: Montaje mecánico e hidráulico de instalaciones solares térmicas,**

asociado a la unidad de competencia **UC0602_2: Montar captadores, equipos y circuitos hidráulicos de instalaciones solares térmicas,**

del Certificado de Profesionalidad **Montaje y mantenimiento de instalaciones solares térmicas**

MF00602_2

MONTAJE MECÁNICO E HIDRÁULICO DE INSTALACIONES SOLARES TÉRMICAS

Tiene asociado el

UNIDAD DE COMPETENCIA UC0602_2

Montar captadores, equipos y circuitos hidráulicos de instalaciones solares térmicas

Compuesto de las siguientes **UNIDADES FORMATIVAS**

UF0189
Prevención y seguridad en el montaje mecánico e hidráulico de instalaciones solares térmicas

UNIDAD FORMATIVA DESARROLLADA EN ESTE MANUAL

UF0190
Organización y montaje mecánico e hidráulico de instalaciones solares térmicas

(ENAE0208) MONTAJE Y MANTENIMIENTO DE INSTALACIONES SOLARES TÉRMICAS (13/11/2008)

COMPETENCIA GENERAL: Realizar el montaje, puesta en servicio, operación y mantenimiento de instalaciones solares térmicas, con la calidad y seguridad requeridas y cumpliendo la normativa vigente. Estas actividades se realizarán bajo la supervisión de un técnico que posea el carné profesional en instalaciones térmicas de edificios (RITE).

Cualificación profesional de referencia	Unidades de competencia		Ocupaciones o puestos de trabajo relacionados:
ENA190_2 MONTAJE Y MANTENIMIENTO DE INSTALACIONES SOLARES TÉRMICAS (RD 1228/2007 de 7 de octubre de 2006)	UC0601_2:	Replantear instalaciones solares térmicas	• 7299.001.6 Montador de instalaciones solares térmicas • Mantenedor de instalaciones solares térmicas • 7220.009.2 Instalador de energía solar por tuberías • 7299.001.6 Montador de placas de energía solar • 7621.027.1 Instalador de sistemas de energía solar térmica
	UC0602_2:	Montar captadores, equipos y circuitos hidráulicos de instalaciones solares térmicas	
	UC0603_2:	Montar circuitos y equipos eléctricos de instalaciones solares térmicas	
	UC0604_2:	Poner en servicio y operar instalaciones solares térmicas	
	UC0605_2:	Mantener instalaciones solares térmicas	

Correspondencia con el Catálogo Modular de Formación Profesional

Módulos certificado	Unidades formativas	Horas U.F.
MF0601_2: Replanteo de instalaciones solares térmicas		90
MF0602_2: Montaje mecánico e hidráulico de instalaciones solares térmicas	UF0189: Prevención y seguridad en el montaje mecánico e hidráulico de instalaciones solares térmicas	30
	UF0190: Organización y montaje mecánico e hidráulico de instalaciones solares térmicas	90
MF0603_2: Montaje eléctrico de instalaciones solares térmicas		90
MF0604_2: Puesta en servicio y operación de instalaciones solares térmicas		60
MF0605_2: mantenimiento de instalaciones solares térmicas		60
MP0043: Módulo de prácticas profesionales no laborales		160

Índice

Capítulo 1

Identificación y evaluación de los riesgos profesionales en el montaje de una instalación

Contenido

1. Introducción

A través del Real Decreto 487/1997, de 14 de abril, se establecen las Disposiciones Mínimas de Seguridad y Salud relativas a la manipulación manual de cargas que entrañen riesgos, en particular dorsolumbares para los trabajadores.

Históricamente, el trabajo implicaba la realización de muchas tareas de carácter físico, lo cual requería del trabajador una mayor utilización de sus capacidades físicas que de sus capacidades psíquicas.

Actualmente, con la mecanización y la automatización, son las máquinas las que ejecutan el trabajo físico que antes realizaban las personas. No obstante, todavía existen numerosas actividades en las que el trabajo físico que se realiza es importante y en las que un inadecuado diseño de ese trabajo puede provocar en el trabajador situaciones de incomodidad e insatisfacción, incluso puede posibilitar la aparición de diversas patologías.

Las exigencias físicas del trabajo son variadas, pudiendo establecerse tres categorías:

- Excesivo trabajo físico.
- Posturas forzadas.
- Repetitividad.

2. Tipos de riesgos en cuanto a la operación

2.1. Transporte y desplazamiento de cargas

El transporte de cargas está asociado a una alta incidencia de trastornos musculoesqueléticos en los trabajadores, como son las alteraciones de los músculos, los tendones, los nervios o las articulaciones de cualquier zona del cuerpo, siendo las más comunes las que afectan al cuello, la espalda y las extremidades superiores. Muchos de estos problemas se deben a causas relacionadas con las condiciones de trabajo.

Sabía que...

Informes recientes de instituciones especializadas señalan que los trastornos musculoesqueléticos suponen entre un 40% y un 50% de todas las dolencias de origen laboral que se producen en la Comunidad Europea y que afectan a más de 40 millones de personas que trabajan.

La espalda está soportada por la columna vertebral y la musculatura que la envuelve. Un número importante de las lesiones que sufre la espalda se deben a un uso indebido o excesivo de estos músculos y de los ligamentos. En este sentido, la manipulación de cargas, al igual que otros factores físicos relacionados con la organización del trabajo, como son las malas posturas, los movimientos manuales enérgicos, los horarios y el ritmo de trabajo, el trabajo repetitivo, etc., pueden actuar de forma perjudicial sobre la espalda.

Para hallar una solución efectiva a estos problemas, hay que analizar cada actividad concreta en la que se manipulan cargas (evaluación de riesgos), puesto que los factores de riesgo serán de mayor o menor importancia en función del peso, de la forma de la carga, del tiempo ocupado en la tarea de la manipulación de la carga, de las características personales de la persona que la transporta, etc.

Ejemplo

Un niño que tiene que transportar cuatro veces al día una mochila cargada con diez kilos de peso tiene más probabilidades de sufrir algún tipo de lesión de espalda que otro niño, de similares características físicas, que sólo tiene que transportar ese peso una vez por semana.

Es muy importante tener en cuenta que la información y el adiestramiento de las personas en las técnicas de manutención de cargas es una cuestión fundamental para la prevención de las dolencias musculoesqueléticas, y si esta formación se inicia en edad escolar es mucho más efectiva.

Se puede definir la carga física de trabajo como el conjunto de requerimientos físicos a los que se ve sometida la persona a lo largo de su jornada laboral. Esos requerimientos físicos suponen la realización de una serie de esfuerzos, de manera que todo trabajo requiere por parte del operario un consumo de energía tanto mayor cuanto mayor sea el esfuerzo solicitado.

El consumo de energía producido como consecuencia del trabajo se denomina "metabolismo de trabajo". Respecto al consumo de energía admisible para una actividad física profesional repetida durante varios años, se fija un metabolismo de trabajo de 2000 Kcal. /día. Cuando se supera este valor, el trabajo se considera pesado.

En relación con la carga de trabajo, se encuentra el concepto de fatiga, que es la consecuencia de una carga de trabajo excesiva. La generación de fatiga está relacionada con la superación de unos máximos de consumo de energía, pero también depende del tipo de trabajo muscular que debe realizarse. Se distinguen dos tipos de esfuerzos musculares totalmente diferentes (aunque, en la práctica, la frontera entre ellos no es fácil de determinar), que son:

- Esfuerzo muscular estático.
- Esfuerzo muscular dinámico.

El trabajo muscular se califica de estático cuando la contracción de los músculos, puestos en acción, es continua y se mantiene durante un cierto periodo de tiempo. A este tipo de esfuerzo corresponderían las contracciones musculares isométricas.

El trabajo dinámico produce una sucesión periódica de tensiones y relajamientos de los músculos, de muy corta duración. A este tipo de esfuerzo corresponderían las contracciones musculares isotónicas.

Estas contracciones musculares requieren un aporte de energía y de oxígeno para realizarse y producen, a su vez, unos residuos obtenidos como consecuencia del trabajo, que se han de evacuar. Todo ello se realiza a través de la sangre.

AZ **Definición**

Fatiga muscular
Disminución de la capacidad física del individuo, después de haber realizado un trabajo durante un tiempo determinado.

La fatiga constituye un fenómeno complejo que se caracteriza por que el operario baja el ritmo de actividad, nota cansancio, los movimientos se hacen más torpes e inseguros y va acompañada de una sensación de malestar e insatisfacción. Además, se produce una disminución del rendimiento en cantidad y calidad.

La fatiga puede responder a múltiples factores, dependientes tanto del individuo como de las condiciones de trabajo y circunstancias acompañantes. Tradicionalmente, se ha considerado que el origen de la fatiga muscular se halla en el aporte de sangre al músculo. La contracción muscular requiere un aporte de energía y de oxígeno para realizarse y produce, a su vez, unos desechos que se han de eliminar.

En el caso del esfuerzo estático, conforme se aumenta la fuerza desarrollada, más difícil es el aporte sanguíneo al músculo, dado que éste comprime los vasos sanguíneos que se hallan en su interior, disminuyendo e incluso anulando el riego. La falta de oxígeno, derivada de esta situación, lleva a la utilización de la vía anaeróbica para la obtención de energía, utilizando las limitadas reservas de glucógeno hasta agotarlas, y a la producción aumentada del ácido láctico, con la consiguiente acumulación local del mismo. Además, los residuos no pueden ser eliminados y se acumulan, desencadenando un dolor agudo, típico de la fatiga muscular, que fuerza a interrumpir el trabajo.

En general, una contracción muscular superior a un 25-30% de la capacidad ventilatoria máxima (CVM) produce un decrecimiento del flujo sanguíneo. Éste llega a anularse si dicha contracción supera el 70% de la CVM.

Cuando se trata de un trabajo dinámico, la sucesión de contracciones y relajamientos actúa como una bomba sobre la circulación sanguínea, las contracciones facilitan la expulsión de la sangre, mientras que las relajaciones consecutivas permiten una nueva irrigación del músculo.

Las enfermedades profesionales relacionadas con la carga física son:

- *Afecciones por fatiga músculo-tendinosa:* Se producen por movimientos repetitivos y forzados de las articulaciones del miembro superior, que originan microtraumatismos repetitivos y fenómenos de desgaste. Sus efectos son: epicondilitis, estiloiditis radial, tendinitis de los extensores y de los flexores, tenosinovitis, dedo en resorte, hombro doloroso.
- *Afecciones meniscales consecutivas de los trabajos prolongados efectuados en posición arrodillada o en cuclillas:* Se deben a posturas de hiperflexión de la rodilla, a menudo en la posición en cuclillas o arrodillado. Sus efectos son: lesiones meniscales, confirmadas por exámenes complementarios, pudiendo complicarse (fisura o rotura del menisco).
- *Lumbalgias:* Los dolores de espalda, en especial en el nivel lumbar, son uno de los problemas laborales más frecuentes. Se ha comprobado que más del 50% de la población laboral ha tenido en algún momento de su vida dolor de espalda. Esta situación pasajera, en muchos casos puede derivar en dolores persistentes o en recaídas cuyo coste, en horas no trabajadas, puede ser, en según qué actividades, altamente gravoso.

La columna vertebral es el elemento anatómico de sostenimiento. Consta de 33 vértebras separadas (excepto las de la zona sacra-coxígea) por los discos intervertebrales, con una función de amortiguación. Las funciones de la columna vertebral son:

- Sostener la parte superior del tronco.
- Dar flexibilidad al tronco.
- Proteger la médula espinal.

La causa más frecuente de molestias en la región lumbar es de origen mecánico (sobreesfuerzos) o por envejecimiento de las estructuras que conforman la espalda. Un número importante de lumbalgias se deben a un uso indebido o excesivo de músculos y/o ligamentos. Estas estructuras suelen lesionarse por movimientos imprevistos o bruscos, así como por posturas forzadas o sostenidas durante largo tiempo.

Los factores que favorecen la aparición de lumbalgias se pueden agrupar en dos:

- *Factores individuales:* Son el resultado de hábitos inadecuados, como un exceso de peso, ya que un abdomen prominente sobrecarga la columna vertebral y dificulta la acción estabilizadora y de sostén de los músculos del abdomen, por otro lado más débiles.
- *Factores relacionados con el trabajo:* Hay que destacar la carga dinámica de trabajo, el manejo de cargas pesadas, el levantamiento de forma repetitiva, la rotación del tronco y el empujar/tirar de cargas. Para prevenir las lumbalgias, los trabajadores deben estar formados, informados y entrenados en el levantamiento de cargas de forma segura. El levantamiento, manejo y transporte de cargas está asociado a una alta incidencia de alteraciones en la zona lumbar.

Recuerde

La información y el adiestramiento de los trabajadores en las técnicas de la manutención de cargas es uno de los aspectos fundamentales de la prevención de las lumbalgias en la empresa.

2.2. Manipulación e izado de cargas

En la manipulación manual de cargas interviene el esfuerzo humano, tanto de forma directa (levantamiento, colocación) como indirecta (empuje, tracción, desplazamiento). También es manipulación manual transportar o mantener la carga alzada. Incluye la sujeción con las manos y con otras partes del cuerpo, como la espalda, y lanzar la carga de una persona a otra. No será manipulación de cargas la aplicación de fuerzas, como el movimiento de una manivela o una palanca de mandos.

Existe una gran diversidad de aparatos elevadores. A continuación, se expone una clasificación de equipos de levantamiento de cargas y/o personas, incluyendo los más significativos.

Elevadores

Montacargas

Están constituidos por una plataforma que se desliza por una guía lateral rígida o por dos guías rígidas paralelas, en ambos casos, ancladas a la estructura de la construcción. Se utilizan para subir o bajar materiales, pudiendo detenerse la plataforma en las distintas plantas de la obra.

En el montaje o utilización de estos aparatos se producen accidentes de diversos tipos, que, aunque no muy frecuentes, sí pueden ser de carácter grave o incluso mortal.

Uno de los principales problemas planteados, en relación a estas máquinas, es la falta de una normativa suficientemente precisa que defina las características y dispositivos que deben reunir para salir al mercado. Esto implica que el constructor modesto tienda a comprar el modelo más económico, y de rendimiento aparentemente similar, aunque en el mercado existan modelos con tecnología más avanzada. Todo esto sin tener en cuenta la existencia, en algunas obras, de aparatos de "fabricación casera", en los cuales la carencia de dispositivos de seguridad es total.

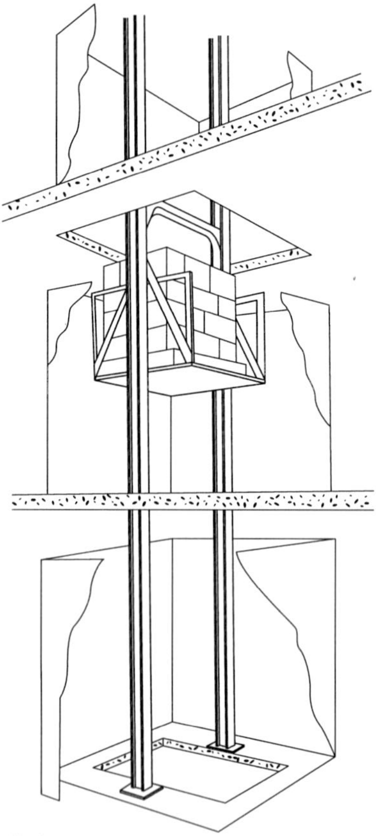

Montacargas

Ascensores

Aparato elevador instalado permanentemente, que utiliza una cabina en la que las dimensiones y constitución permiten el acceso de personas, desplazándose al menos parcialmente a lo largo de guías verticales o cuya inclinación sobre la vertical es inferior a 15°.

Plataformas elevadoras

Existen diferentes tipos, en función de si elevan carga material o personas; según el tipo de transporte sobre el que se articulan: sobre camión, colgantes, sobre carretillas autopropulsadas; y según la articulación: de tijera, articulada, telescópica, verticales, verticales con plumín, remolcables.

Sólo los operadores formados, mayores de edad y con el Certificado de Aptitud Médica pueden utilizar las plataformas elevadoras.

Deben actuar como mínimo dos trabajadores, para intervenir en caso de emergencia, guiar al conductor y evitar la circulación de máquinas y peatones alrededor de la plataforma.

Entre las más utilizadas, hay que destacar las plataformas elevadoras móviles de personal y las plataformas eléctricas para trabajos en altura.

- **Plataformas elevadoras móviles de personal:** se utilizan para trabajos en altura de diversa índole, como reparaciones, montajes o instalaciones. Están constituidas por una plataforma rodeada por una barandilla de seguridad, con una única puerta o acceso para entrada y salida bien identificado, una estructura extensible, que puede constar de uno o varios tramos, plumas o brazos, simples, telescópicos o articulados, estructura de tijera o cualquier combinación entre todos ellos, con o sin posibilidad de orientación con relación a la base. El chasis puede ser autopropulsado, empujado o remolcado, puede estar situado sobre el suelo, ruedas, cadenas, orugas o bases especiales, montado sobre remolque, semi-remolque, camión o furgón, y fijado con estabilizadores, ejes exteriores, gatos u otros sistemas que aseguren su estabilidad.

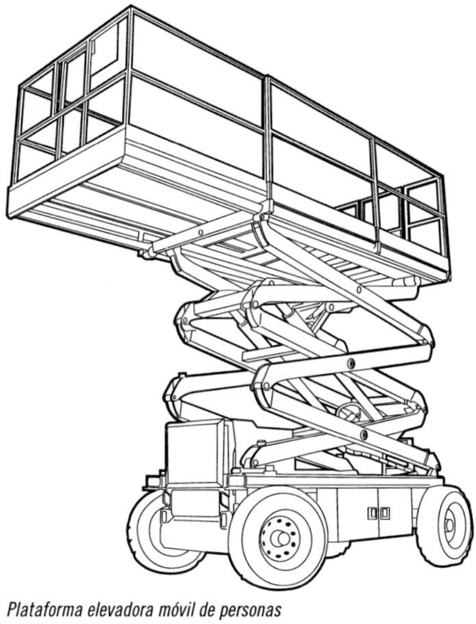

Plataforma elevadora móvil de personas

- **Plataformas eléctricas para trabajos en altura:** utilizadas principalmente para trabajos de limpieza y reparaciones de fachadas de edificios que, *por su altura* o dimensiones de la vía en la que se encuentran, es imposible utilizar otros medios. Están constituidas por una carretilla, unos brazos de elevación, los cables de sustentación y la barquilla formada por una plataforma resistente, cerrada en todo su contorno por un guardacuerpos, en cuyo interior se encuentra el panel de mandos.

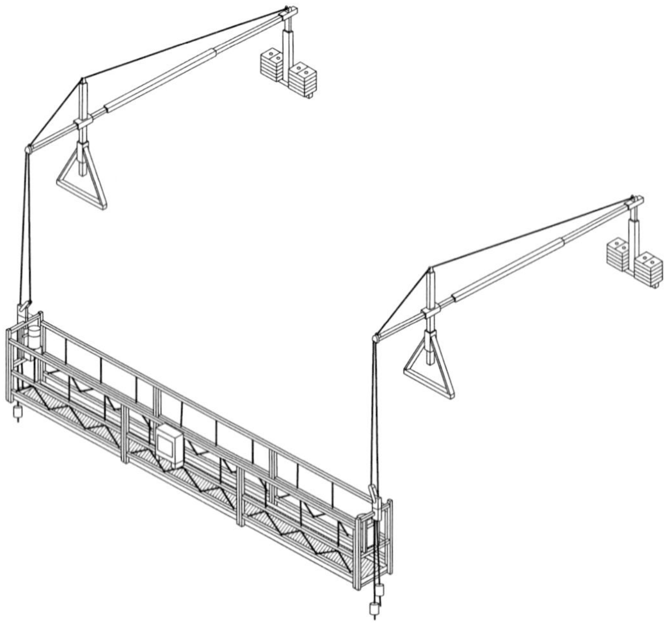

Andamios colgados móviles de accionamiento manual

Son construcciones auxiliares móviles colgadas de cables o sirgas, que se desplazan verticalmente por las fachadas mediante un mecanismo de elevación y descenso, utilizadas fundamentalmente para trabajos en altura, tales como revocados, etc.

Los andamios colgados móviles, tanto de accionamiento manual como mecánico, que hayan sido comercializados o puestos en servicio por primera vez después del 1 de enero de 1997, se consideran aparatos elevadores.

Equipos de elevación y transporte

Grúas

El Real Decreto 836/2003, de 27 de junio, las define como aparatos de elevación de funcionamiento discontinuo destinados a elevar y distribuir, en el espacio, las cargas suspendidas de un gancho o de cualquier otro accesorio de aprehensión.

Existen varios tipos:

Grúa pluma

Grúa en la que el accesorio de aprehensión está suspendido de la pluma o de un carro que se desplaza a lo largo de ella. En el primer caso, la distribución de la carga se puede efectuar por variación del ángulo de inclinación de pluma, en el segundo caso, la posición de la pluma suele ser horizontal, aunque puede utilizarse inclinada hasta formar un determinado ángulo.

Grúa móvil

Conjunto formado por un vehículo portante, sobre ruedas o sobre orugas, dotado de sistemas de propulsión y dirección propios, sobre cuyo chasis se acopla un aparato de elevación.

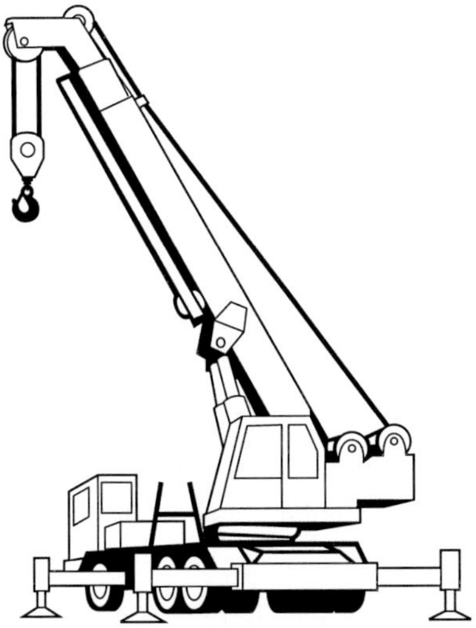

Está constituida por:

- Chasis portante: Estructura metálica sobre la que, además de los sistemas de propulsión y dirección, se fijan los restantes componentes.
- Superestructura: Constituida por una plataforma base sobre corona de orientación, que la une al chasis y permite el giro de 360º, la cual soporta la flecha o pluma que puede ser de celosía o telescópica, equipo de elevación, cabina de mando y, en algunos casos, contrapeso desplazable.
- Elementos de apoyo: A través de los que se transmiten los esfuerzos al terreno: orugas, ruedas y estabilizadores u apoyos auxiliares, que disponen las grúas móviles sobre ruedas y están constituidos por gatos hidráulicos montados en brazos extensibles, sobre los que se hace descansar totalmente la máquina, lo cual permite aumentar la superficie del polígono de sustentación y mejorar el reparto de cargas sobre el terreno.

Grúa móvil autopropulsada

Aparato de elevación de funcionamiento discontinuo, destinado a elevar y distribuir en el espacio cargas suspendidas de un gancho o cualquier otro accesorio de aprehensión, dotado de medios de propulsión y conducción propios o que formen parte de un conjunto con dichos medios, que posibilitan su desplazamiento por vías públicas o terrenos.

Grúa autocargante

Aparato de elevación de funcionamiento discontinuo, instalado sobre vehículos aptos para transportar materiales y que se utilizan exclusivamente para su carga y descarga.

Grúa puente

Grúa que consta de un elemento portador, formado por una o dos vigas móviles, apoyadas o suspendidas, sobre las que se desplaza el carro con los mecanismos elevadores.

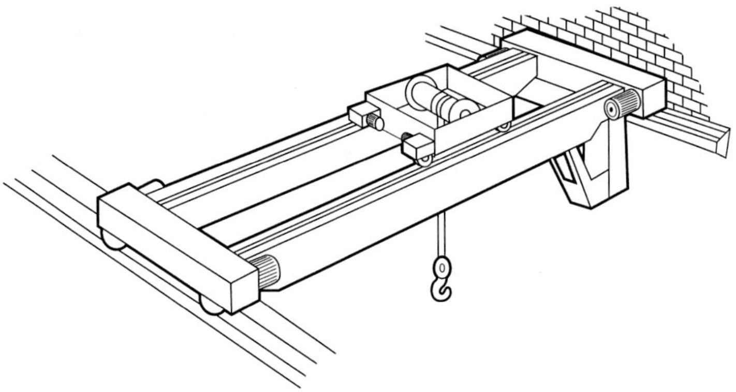

Grúa puente

Está formada por:

- Mecanismo de elevación: conjunto de motores y aparejos (sistema de poleas y cables destinados a variar fuerzas y velocidades) que se aplican en el movimiento vertical de la carga.

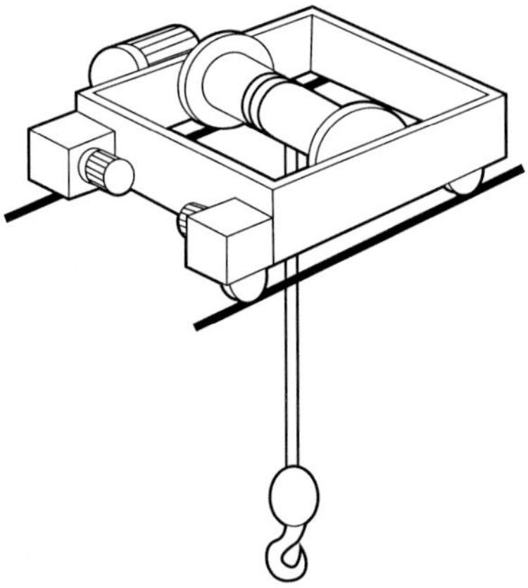

- Mecanismo de translación del carro: conjunto de motores que se aplican en el movimiento longitudinal del carro (sistema mecánico con los mecanismos de elevación).

- Mecanismo de translación del puente: conjunto de motores que incluyen los testeros como estructuras portantes, que incorporan este mecanismo para el movimiento longitudinal de la grúa.
- Camino de rodadura: elemento estructural por el que se desplaza longitudinalmente la grúa.
- Mecanismo de giro: conjunto mecánico que realiza el desplazamiento angular del brazo, o bien de la posición de los ganchos de un carro.

  - Botonera: dispositivo eléctrico o electrónico unido físicamente a la grúa mediante una manguera de cables eléctricos, para el manejo de la misma desde el exterior de la cabina.
  - Telemando: dispositivo electrónico inalámbrico (sin unión física a la grúa), para el manejo de la grúa

- Cabina: habitáculo destinado a la conducción de la grúa, que alberga los dispositivos fijos de mando y al operador o gruísta.
- Accesorios o útiles de prensión: elementos auxiliares cuya función es la de sujetar la carga, tales como pinzas, pulpos, electroimanes, ventosas, cucharas, etc.

Se deben tener en cuenta los siguientes parámetros:

- Altura máxima de recorrido del gancho: distancia vertical entre el nivel más bajo del suelo (incluido el foso, si existe) y el gancho de carga, cuando éste se encuentra en la posición más elevada de trabajo.
- Luz: es la distancia horizontal entre los ejes de los carriles de la vía de rodadura.
- Distancia entre ejes de las ruedas de los testeros: es la distancia medida paralelamente al eje longitudinal de desplazamiento.
- Voladizo total: distancia máxima horizontal entre el eje del camino de rodadura más próximo al voladizo y el extremo de la estructura emplazada sobre el voladizo.
- Voladizo útil: distancia máxima horizontal entre el eje del camino de rodadura más próximo al voladizo y el eje del elemento de prensión emplazado sobre el voladizo.

- Brazo útil: distancia horizontal entre el eje vertical de la parte giratoria o eje de rodadura y el eje vertical del elemento de prensión.
- Brazo total: distancia horizontal entre el eje vertical de la parte giratoria o eje de rodadura y el eje vertical del extremo de la estructura.
- Carga nominal o máxima: valor de la carga fijado por el fabricante e indicado en la placa de características (incluye los accesorios de elevación y aprehensión originales).
- Carga útil: carga bajo el aparejo o accesorios, si los hay.
- Placa de características: fija en cada grúa, indica el fabricante, año de fabricación, número, carga nominal y útil en función de los alcances, si le es aplicable. Si la grúa dispone de varios mecanismos de elevación, se indicarán las características de cada uno.

Grúa pórtico

Grúa cuyo elemento portador se apoya sobre un camino de rodadura por medio de patas de apoyo. Se diferencia de la grúa puente en que los raíles de desplazamiento están en un plano horizontal muy inferior al del carro (normalmente apoyados en el suelo).

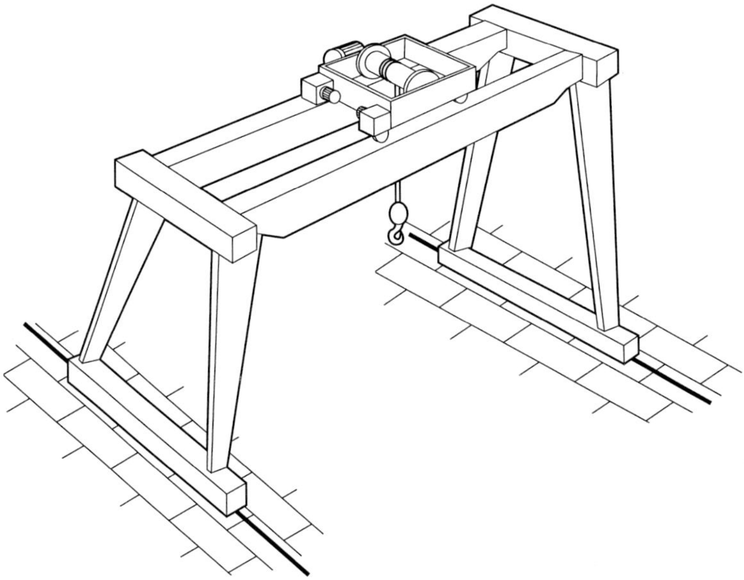

Grúa semipórtico

Grúa cuyo elemento portador se apoya sobre un camino de rodadura, directamente en un lado y por medio de patas de apoyo en el otro. Se diferencia de la grúa puente y de la grúa pórtico en que uno de los raíles de desplazamiento está aproximadamente en el mismo plano horizontal que el carro, y el otro raíl de desplazamiento está en otro plano horizontal muy inferior al del carro (normalmente apoyado en el suelo).

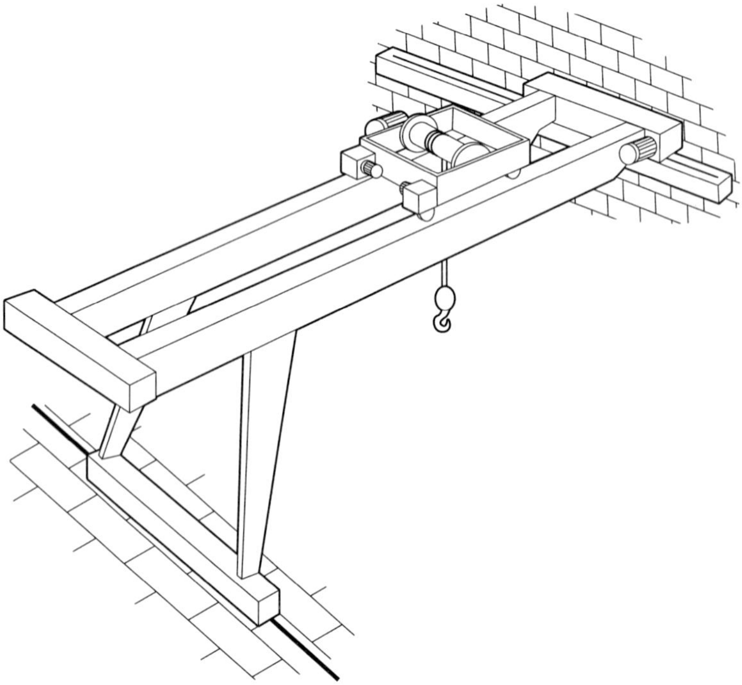

Grúa ménsula

Grúa fijada a un muro, o susceptible de desplazarse a lo largo de un camino de rodadura aéreo fijado a un muro o a una estructura de obra. Se diferencia de la grúa puente en que los raíles de desplazamiento están en un mismo plano vertical.

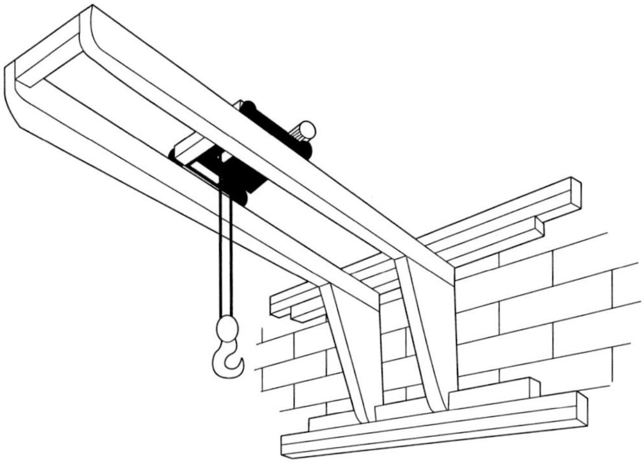

Grúa de brazo giratorio (o de palomilla)

Grúa capaz de girar sobre una columna fijada por su base a la fundación, o fijada a una columna giratoria sobre un soporte empotrado.

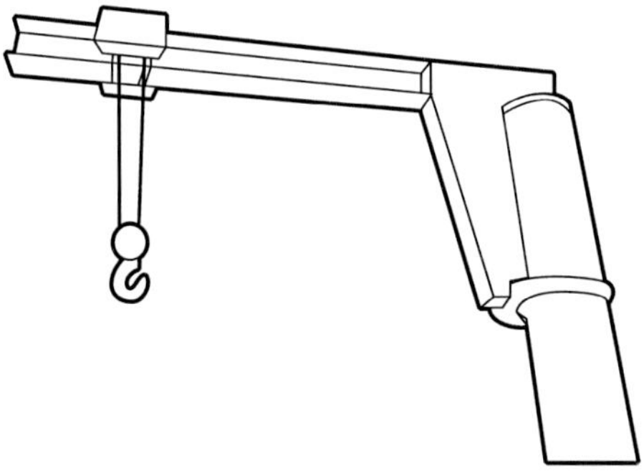

Grúa torre

Es una máquina empleada para la elevación de cargas, por medio de un gancho suspendido de un cable, y su transporte, en un radio de varios metros, a todos los niveles y en todas direcciones. Está constituida esencialmente por una torre metálica, con un brazo horizontal giratorio, y los motores de orientación, elevación y distribución o traslación de la carga, disponiendo además de un motor de traslación de la grúa cuando se encuentra dispuesta sobre carriles.

La torre de la grúa puede empotrarse en el suelo, inmovilizada sin ruedas, o bien desplazable sobre vías rectas o curvas. Las operaciones de montaje deben ser realizadas por personal especializado. Asimismo, las operaciones de mantenimiento y conservación se realizarán de acuerdo con las normas dadas por el fabricante.

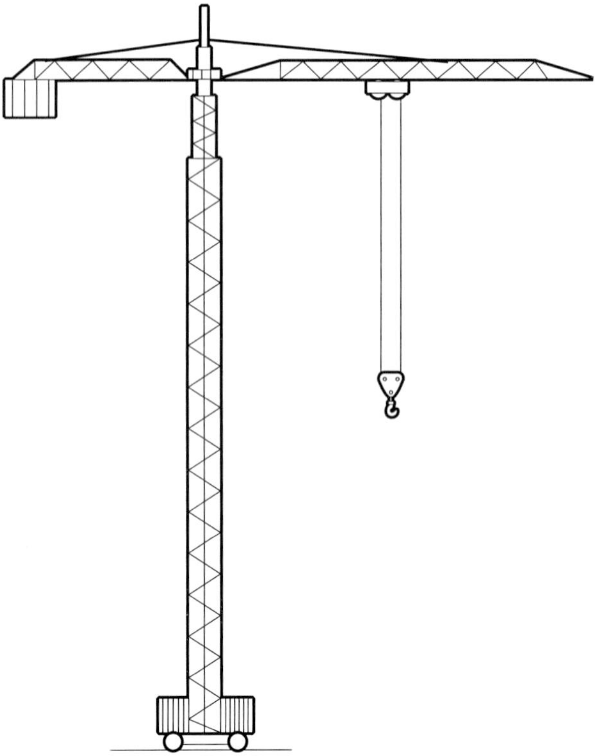

Grúa torre

Equipos móviles de elevación y transporte

Carretillas elevadoras

Es todo equipo con conductor a pie o montado (ya sea sentado o de pie), sobre ruedas, que no circula sobre raíles, con capacidad para auto cargarse y destinado al transporte y manipulación de cargas vertical u horizontalmente. También se incluyen en este concepto las carretillas utilizadas para la tracción o empuje de remolques y plataformas de carga. Los tipos más usuales son los siguientes:

Por la ubicación de la carga

- Voladizo. Carretilla elevadora apiladora provista de una horquilla (puede estar reemplazada por otro equipo o implemento) sobre la que la carga, paletizada o no, está situada en voladizo con relación a las ruedas y equilibrada por la masa de la carretilla y su contrapeso.

- Carretilla no contrapesada, retráctiles, apiladores, etc. Carretilla elevadora apiladora de largueros portantes en la cual la carga, transportada entre los dos ejes, puede ser situada en voladizo por avance del mástil, del tablero porta horquillas, de los brazos de horquilla o de carga lateral.
- Carretilla pórtico elevadora apiladora (a horcajadas sobre la carga o "straddle-carriers"). Carretilla elevadora bajo cuyo bastidor y brazos portantes se sitúa la carga, que el sistema de elevación mantiene y manipula para elevarla, desplazarla y apilarla. Normalmente utilizada para la manipulación de contenedores de flete.

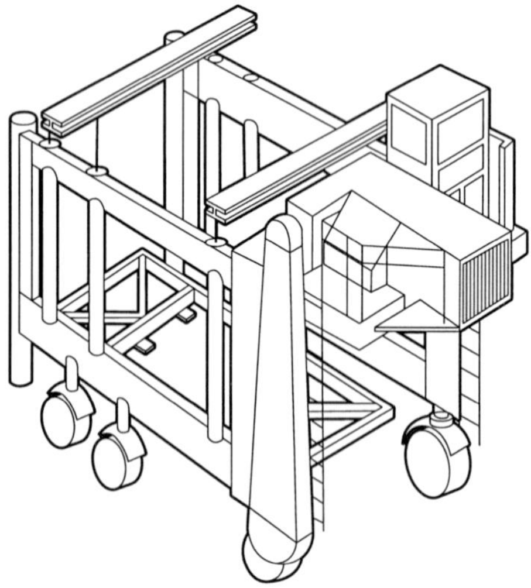

Por el sistema de elevación de la carga

- Mástil vertical. En distintas versiones: de dos o tres etapas, con elevación libre, etc. La carga se ubica sobre una horquilla, plataforma o implemento que, montado sobre la placa portahorquilla, se desliza a lo largo de unas guías verticales de varias etapas, mediante sistemas hidráulicos, eléctricos, cadenas, cables, etc., elevando o descendiendo la carga.

- Brazo inclinable y telescópico, manipulador telescópico. La carga también se sitúa sobre una horquilla o implemento montado en el extremo de un brazo telescópico, que alcanza la altura deseada mediante la extensión e inclinación del mismo.
- De pequeña elevación (por ejemplo, transpaleta). Utilizada únicamente para separar la carga del suelo y facilitar el desplazamiento. La carga se recoge del suelo introduciendo debajo de la misma una horquilla o plataforma que se eleva ligeramente, mediante un sistema de palancas accionadas mecánicamente o hidráulicamente, para separar esta carga del suelo, facilitando su transporte.

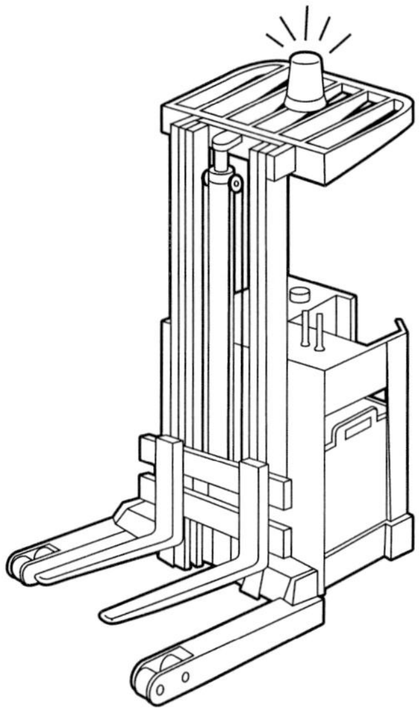

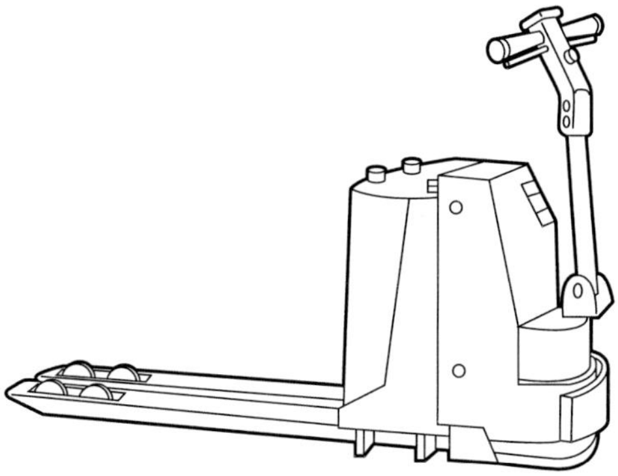

Por el tipo de energía utilizada

- Con motor térmico, ya sea Diesel, gasolina, gas licuado, etc. Carretillas generalmente propias de exteriores y zonas ventiladas.
- Con motor eléctrico, alimentado a partir de baterías de acumuladores. Carretillas propias de interiores.
- Mixtas, con motor térmico y accionamiento eléctrico u otras variables.

Por las características de sus trenes de rodaje

- Con cuatro ruedas sobre dos ejes, anterior motriz y posterior directriz. Según los casos, en el eje anterior pueden montarse ruedas dobles o gemelas.
- Con rodadura en triciclo, el eje motriz/directriz sobre una rueda (o dos ruedas gemelas), centrada sobre el eje longitudinal de la máquina. En determinados modelos, los dos ejes son motrices. En las carretillas retráctiles, las ruedas posteriores son únicamente portantes.
- Con cuatro ruedas sobre dos ejes motrices, en algunos casos también directrices, carretillas propias de exteriores o "todo terreno".

Por la posición del operador

- De operador transportado, sentado sobre la carretilla.
- De operador transportado de pie. Aunque en algunos casos pueda disponer de un asiento auxiliar para uso temporal por el operador, se considera de operador transportado de pie.
- De operador a pie. Aunque en algunos casos se disponga de una plataforma abatible para el transporte ocasional del operador, la carretilla se considera de operador a pie.

Los componentes principales de una carretilla elevadora son los siguientes:

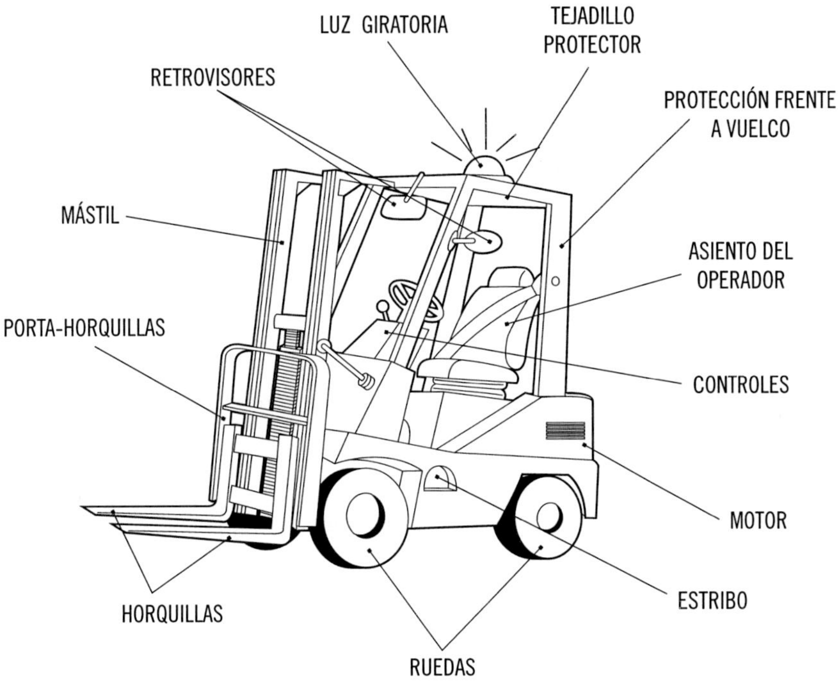

- Bastidor: Estructura generalmente de acero soldado, sobre la cual se instalan todos los componentes de la carretilla con sus cargas y transmite su efecto directamente al suelo a través de las ruedas (sin suspensión).
- Contrapeso: Masa fijada a la parte posterior del bastidor, destinada a equilibrar la carga en la carretilla contrapesada.
- Mástil de elevación o brazo telescópico: Permiten el posicionamiento y la elevación de las cargas.
- Tablero porta horquillas: Placa fijada al mástil, que permite el acoplamiento y la sujeción de las horquillas u otros implementos. Si es necesario, detrás del tablero porta horquillas debe

montarse un respaldo de apoyo de la carga (placa porta horquilla) para evitar el deslizamiento de la misma sobre el operador.

- Horquillas: Dispositivo que incluye dos o más brazos de horquilla de sección maciza, que se fijan sobre el tablero porta horquillas y que normalmente se posicionan manualmente.
- Accesorios de manipulación de carga: Son los implementos (por ejemplo: pinzas, desplazamientos laterales, cucharas, elevadores, etc.), que permiten la aprehensión y depósito de la carga a la altura y posición escogida por el operador.
- Grupo motor y transmisión: Es el conjunto de elementos que accionan los ejes y grupos motores y directores. Incluye los motores térmicos o eléctricos y los distintos tipos de transmisión: mecánica, hidráulica, etc.
- Sistema de alimentación de energía: Son los sistemas de alimentación de combustible en las carretillas con motor térmico, y las baterías de tracción o la conexión a la red en las carretillas eléctricas.
- Sistema de dirección: Consta de un volante para la dirección tipo automóvil en carretillas de operador transportado o de un timón en carretillas de operador a pie. Puede ser mecánico, hidráulico o eléctrico.
- Sistema principal de frenado: Dispositivo para limitar la velocidad de la máquina a voluntad del operador, hasta asegurar el paro total de la misma, normalmente equipado con mordazas o discos de fricción accionados mecánica o hidráulicamente y que actúan sobre las ruedas o sobre los órganos motores de la máquina. La Directiva 98/37/CE contempla que, en la medida que la seguridad lo exija, la máquina disponga de un dispositivo de parada de emergencia con mandos independientes. Asimismo, fija la necesidad de que exista un dispositivo de estacionamiento para mantener inmóvil la máquina.
- Puesto del operador: Centraliza todos los órganos de mando y control. Todas las funciones deben estar claramente identificadas, ser visibles, operables y de fácil y ergonómico acceso para el operador. El puesto debe estar diseñado de forma que, desde el mismo, sea imposible el contacto fortuito del operador con las

ruedas o con cualquier órgano móvil agresivo del propio equipo, para garantizar la protección frente a gases de escape.

- Techo o tejadillo protector del operador: Estructura resistente que protege al operador contra la caída de objetos. Obligatorio, siempre que exista riesgo debido a la caída de objetos. En algunos casos, si la cabina es cerrada, forma parte de la misma.
- Protección del operador frente al riesgo de vuelco: Estructura resistente que protege al operador contra los efectos del vuelco del equipo. Obligatorio, siempre que exista riesgo de que el equipo pueda volcar. Cuando la carretilla esté provista de cabina, la misma debe garantizar la plena protección del operador y, entre otros aspectos, garantizar la protección frente a caída de objetos y frente a vuelco.
- Asiento: Puesto del operador en las carretillas que lo equipan. Debe ser anatómico y dotado de suspensión (para evitar que las vibraciones se transmitan al operador, ya que las carretillas carecen de sistemas de amortiguación), regulable y adaptable, con sistema de ajuste al peso del operador, de forma que pueda ser utilizado cómodamente por todo tipo de personas. Algunos modelos, para facilitar la posición del operador al efectuar la marcha atrás, poseen un sistema que permite el giro del asiento unos 30º. Cuando la máquina pueda ir equipada de una estructura de protección para los casos de vuelco, el asiento debe estar dotado de un cinturón de seguridad o de un sistema de retención del operador equivalente.
- Ruedas: Sirven de apoyo de la carretilla sobre el suelo, permitiendo la tracción de la misma. Pueden ser de bandas macizas (aro o sección circular de caucho o plástico duro montado sobre un núcleo de acero o fundición), súper elásticas macizas (similares a las anteriores, pero con un aro de caucho de mayor espesor, formado por varias capas de distintos gruesos y tipos de material que le da un cierto grado de elasticidad), o neumáticas (cubierta neumática, con o sin cámara, con superficies de rodadura de distintos tipos e hinchadas a la presión indicada por el fabricante).
- Placas informativas: Cada carretilla debe llevar obligatoriamente marcados, de forma legible e indeleble, los textos y pictogramas

que informen al operador sobre la capacidad de carga de la carretilla en las distintas situaciones de carga, la función de los distintos mandos y los riesgos inherentes a la utilización de la máquina. Es especialmente importante comprobar que la máquina lleva la placa de identificación del fabricante, el marcado CE de conformidad con la Directiva 98/37/CE, y la placa de capacidad de cargas admisibles para las condiciones de uso real de la carretilla. Si a la carretilla se le monta algún accesorio adicional, sobre el mismo también debe existir la placa de identificación del fabricante del accesorio, la capacidad de carga del mismo y, si es aplicable, el marcado CE de conformidad. Asimismo, se incluirán todas aquellas indicaciones ligadas a las condiciones especiales de uso de la carretilla.

Ejemplo

Si una carretilla ha sido construida para trabajar en atmósfera explosiva, ello se deberá indicar en la máquina.

2.3. Trabajo en altura y verticales

En los trabajos en tejados deberán adoptarse las medidas de protección colectiva que sean necesarias, en atención a la altura, inclinación o posible carácter o estado resbaladizo, para evitar la caída de trabajadores, herramientas o materiales. Asimismo, cuando haya que trabajar sobre o cerca de superficies frágiles, se deberán tomar las medidas preventivas adecuadas, para evitar que los trabajadores las pisen inadvertidamente o caigan a través suyo.

Trabajos sobre cubiertas de materiales ligeros

La utilización de cubiertas ligeras para la cobertura de distintos tipos de estructuras tiene un uso generalizado debido al poco peso, su fácil transporte y montaje, unido a un coste bastante reducido respecto a otros sistemas de cobertura.

En la ejecución de los distintos trabajos, de desmontaje o montaje, de mantenimiento o de limpieza principalmente, sobre cubiertas ligeras, ya sean planas o inclinadas, se dan una serie de circunstancias, como pueden ser la altura a la que se efectúan, la baja resistencia y fragilidad de los materiales, las inclemencias atmosféricas, la pendiente más o menos acentuada, etc., que hacen que los accidentes que se producen mientras se efectúan dichos trabajos tengan consecuencias casi siempre mortales o de incapacitación permanente.

Se entiende por materiales ligeros las diversas placas planas, onduladas o nervadas, no concebidas para soportar el tránsito de las personas, salvo que se adopten medidas de protección, y hechas de los siguientes materiales principalmente:

- Vidrio, armado o no.
- Amianto-cemento.
- Chapa ondulada, de espesor inferior a 100 mm.
- Resinas de poliéster, con o sin fibra de vidrio, cloruro de polivinilo y, más generalmente, polímeros termoplásticos.
- Pizarra.
- Tejas.

Los principales riesgos y factores de riesgo asociados a la realización de trabajos sobre cubiertas de materiales ligeros, claraboyas, lucernarios, etc., son:

- Caídas de altura: al subir o bajar de la cubierta mediante escaleras manuales portátiles o fijas, por rotura de las cubiertas al pasar el operario, por pisar directamente sobre claraboyas o tragaluces interiores de insuficiente resistencia o por las inclemencias atmosféricas.
- Caída de objetos o de parte de la cubierta sobre personas: por acumular cargas excesivas, por pisar directamente sobre la superficie, rompiéndose una parte de ésta, o por contactos eléctricos con cables accesibles desde la cubierta.

Recuerde

En los trabajos en tejados deberán adoptarse las medidas de protección colectiva que sean necesarias, en atención a la altura, inclinación o posible carácter o estado resbaladizo, para evitar la caída de trabajadores, herramientas o materiales.

2.4. Obra civil

Los principales riesgos que se pueden encontrar en una obra civil, son:

Caídas a distinto nivel

Son caídas de altura producidas en o desde la maquinaria de obra pública y representan un elevado porcentaje de los accidentes por caída de altura acaecidos en el sector.

Generalmente, se producen en el ascenso y descenso de la máquina o vehículo, en las operaciones de mantenimiento de la máquina y al saltar de ésta. Se suelen producir por la ausencia o mal estado de estribos y pasamanos, por suciedad, por barro y grasa en las escaleras y estribos. También por la operación incorrecta al saltar de un máquina o por no utilizar el calzado adecuado.

Estos problemas se pueden evitar utilizando los estribos, pasamanos y asideros de la máquina, en el ascenso y descenso realizado de frente a la misma. También se deben mantener libres de aceite y barro los estribos, escaleras y pasamanos. Se utilizarán plataformas protegidas en los trabajos de mantenimiento a más de dos metros de altura del suelo. Y queda prohibido saltar desde la máquina.

Para una adecuada protección, se deberá utilizar calzado antideslizante y de seguridad, y arnés de seguridad de sujeción, anclado a un punto fijo o línea de vida instalada de antemano en la realización de los trabajos de revisión, limpieza y mantenimiento.

Atrapamientos por o entre objetos

Son los atrapamientos que sufre el operador con los elementos móviles y partes giratorias de las máquinas. Se producen en las transmisiones y partes móviles de las máquinas carentes de protección. También es común este riesgo en aquellas operaciones de revisiones y partes móviles de las máquinas carentes de protección, y en las operaciones de mantenimiento y cambio de útiles en la máquina.

Se producen por retirar o poner fuera de servicio los resguardos y defensas de las partes móviles, por realizar operaciones de mantenimiento o revisiones con el motor en marcha y no mantener la distancia de seguridad a la máquina. También se pueden producir por colocar o retirar los útiles sin seguir las instrucciones del fabricante.

Estos riesgos se pueden evitar manteniendo en todo momento las protecciones de las partes móviles y dispositivos de seguridad, realizando las operaciones de mantenimiento y engrase "a motor parado", o siguiendo las instrucciones del fabricante, siguiendo en todo momento dichas instrucciones para los cambios de útiles en la maquinaria y utilizando las herramientas adecuadas.

La protección individual más usual son los guantes de protección contra riesgos de golpes y atrapamientos, la ropa de trabajo adecuada y ajustada al cuerpo. También es necesario mantenerse alejado del radio de acción de la máquina.

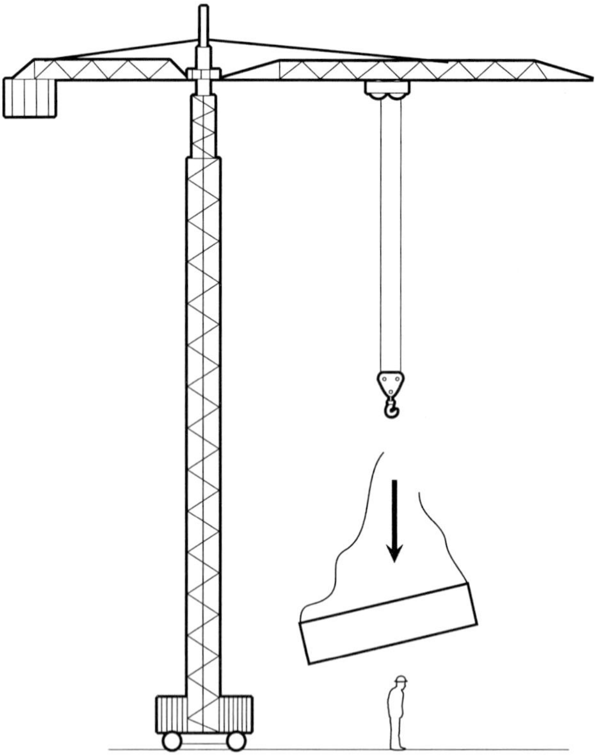

Atrapamientos por vuelco de máquina

Estos accidentes se producen por el vuelco de la maquinaria de obra pública y vehículos de transporte y elevación. Se producen en las operaciones de movimiento de tierras, nivelado del terreno, compactado, pavimentado, e incluso en el transporte y elevación de materiales.

Suelen ocurrir por la circulación de maquinaria y vehículos en proximidades de desniveles y cortes del terreno, por la descarga de materiales al borde de los taludes, por la elevación de cargas superiores a la carga máxima tolerable, y por no utilizar los estabilizadores de la máquina y no respetar los topes de seguridad.

Para evitar estos accidentes se deben instalar topes de seguridad y barreras mecánicas a una distancia prudencial del talud, instalar la señalización adecuada y el balizamiento necesario. Se debe utilizar la máquina adecuada al trabajo y tipo de terreno, con marcado CE, certificado de conformidad y de acuerdo al manual de instrucciones del fabricante. También hay que utilizar los estabilizadores de la máquina, de acuerdo con las instrucciones de dicho fabricante.

Las protecciones individuales vienen dadas por el cinturón de seguridad de la máquina o vehículo dotado del sistema antivuelco, en el caso de trabajos no estacionarios. Es de vital importancia respetar adecuadamente los límites de velocidad.

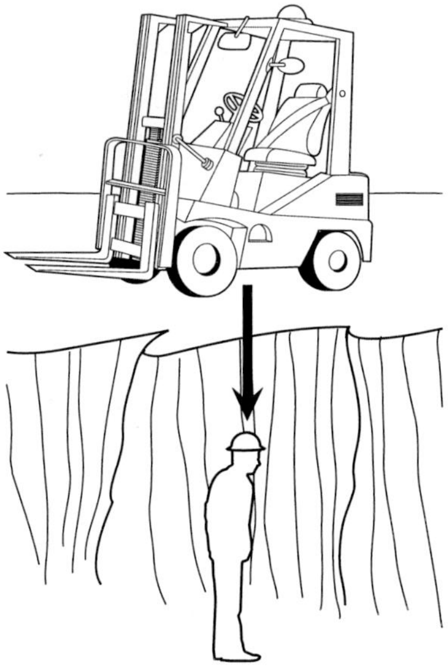

Contactos eléctricos directos

Son los accidentes de origen eléctrico que se producen al entrar en contacto las partes metálicas de las máquinas o vehículos con líneas eléctricas aéreas o enterradas en tensión. Se producen en las operaciones de transporte de tierras y elevación de materiales en presencia de líneas eléctricas aéreas de alta tensión, y en trabajos de excavación en zonas en que existen canalizaciones eléctricas enterradas.

Se producen por no respetar la distancia mínima de seguridad a las líneas de alta tensión e invadir la zona de seguridad, por la ausencia de señalización y barreras de gálibo en zonas irregulares del terreno, por falta de pantalla o desvío de línea, y ausencia de señales en zonas concretas y determinadas.

Se pueden evitar realizando el estudio y reconocimiento de la zona de trabajo, de la orografía del terreno y recorrido de las máquinas y vehículos. También se deben respetar la señalización y barreras de gálibo establecidas, y la distancia mínima de seguridad, cuando se trabaje en las proximidades de una línea de alta tensión. Otra forma de evitar este riesgo es informándose sobre las posibles canalizaciones antes de excavar.

En el caso de contacto con una línea de alta tensión, se debe permanecer en el interior de la cabina. Si es necesario, se abandonará la cabina saltando, evitando el contacto con las partes metálicas de la máquina, y avanzando con los pies juntos para evitar el gradiente eléctrico.

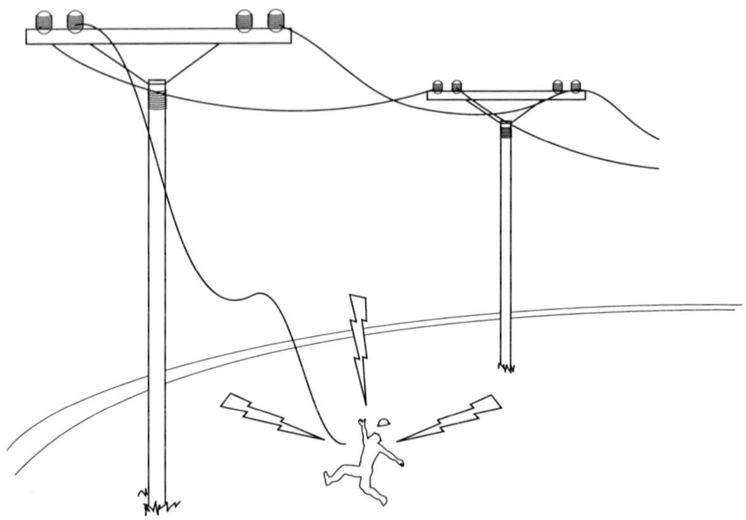

Atropellos y colisiones

Son los atropellos de personas provocados por las máquinas y vehículos en el recinto de la obra, y los choques y colisiones de estos con otros vehículos y máquinas. Se producen en el desmonte, terraplenado, transporte de tierras, compactado de bases y terminado de firmes. También en el transporte de operarios de la obra y en los accesos a la propia obra, desvíos y, en general, en las interferencias de ambos.

Estos fallos se producen por la planificación defectuosa del tráfico externo e interno de la obra, por un exceso de velocidad o por una señalización defectuosa. Otro factor que influye es la climatología adversa.

Se pueden evitar manteniendo activa la señalización óptica y acústica de marcha atrás, limitando la velocidad acorde al riesgo, respetando en todo momento la señalización e instrucciones recibidas. También es necesario el control del polvo mediante riego, utilización de la luz de cruce y, si es preciso, suspensión de los trabajos en presencia de niebla cerrada.

Se recomienda siempre permanecer fuera del radio de acción de la máquina y estar atento a sus maniobras, para evitar atropellos. El maquinista debe utilizar el cinturón de seguridad de la máquina o del propio vehículo y respetar en todo momento la señalización y limitación de la velocidad.

Recuerde

Para evitar los atropellos, se recomienda permanecer fuera del radio de acción de la máquina y estar atento a sus maniobras.

Otros riesgos posibles

- Caídas de personal al mismo nivel.
- Caídas de objetos por desplome o derrumbamiento.
- Caída de objetos en manipulación.
- Caídas de objetos desprendidos.
- Choques y golpes contra objetos móviles.
- Golpes por objetos o herramientas.
- Proyección de fragmentos y partículas.
- Sobreesfuerzos.
- Exposición a sustancias nocivas.
- Exposición a agentes físicos.
- Exposición a agentes químicos.
- Explosiones e incendios.

2.5. Mecánicos

Los riesgos más comunes en el montaje de estructuras metálicas, son:

- Desprendimiento de cargas suspendidas.
- Atrapamiento por objetos pesados.
- Golpes y/o cortes en manos y piernas por objetos y/o herramientas.
- Vuelco de la estructura.
- Quemaduras.
- Radiación por soldadura con arco.
- Caídas al mismo nivel.
- Caídas a distinto nivel.

- Proyecciones de partículas.
- Contacto con la corriente eléctrica.
- Explosión de botellas de gases licuados.
- Incendios.
- Intoxicación.

Para evitar estos accidentes, es necesario recurrir a las siguientes medidas preventivas:

- Los perfiles se apilarán ordenadamente sobre durmientes de madera de soporte de cargas, estableciendo capas hasta una altura no superior a 1,50 m.
- Los perfiles se apilarán clasificados en función de sus dimensiones.
- Si se han colocado redes de protección, se revisarán puntualmente al concluir un tajo de soldadura, con el fin de verificar su buen estado.
- Se debe prohibir dejar la pinza y el electrodo directamente en el suelo, conectado al grupo.
- Se debe prohibir tener las mangueras o cables eléctricos de forma desordenada.
- Las botellas de gases en uso en la obra permanecerán siempre en el interior del carro porta botellas.
- Se debe prohibir la permanencia de operarios directamente bajo operaciones de soldadura.
- Para soldar a niveles superiores al de otros operarios, se utilizarán viseras o protectores de chapa.
- Se debe prohibir montarse en la estructura directamente.

2.6. Eléctricos

Los efectos que produce sobre el cuerpo humano el paso de corriente eléctrica dependen fundamentalmente de la intensidad, del tiempo de exposición y de la dirección de paso de la corriente eléctrica. Estos efectos pueden ser muy diversos:

- Quemaduras: son producidas porque al atravesar el cuerpo humano una corriente eléctrica, éste se comporta como una resistencia, produciendo el calor causante de las quemaduras (efecto Joule).

$$Q = 0.24\ I2\ t$$

  - Q= Calor desarrollado por el circuito (expresado en calorías).
  - I = Intensidad.
  - t = Tiempo (expresado en segundos).

- Las quemaduras también pueden producirse por arco eléctrico, normalmente por aproximarse a redes de alta tensión y formarse un arco eléctrico que desprende una gran cantidad de calor.
- Asfixia: se produce cuando la corriente eléctrica atraviesa el tórax. Produce una contracción de los músculos que actúan en la respiración, impidiendo que ésta se produzca.
- Fibrilación ventricular: se produce cuando la corriente eléctrica atraviesa el corazón y provoca una rotura del ritmo cardíaco, actuando los músculos del corazón de una manera desincronizada. Puede presentarse por intensidades superiores a 25 mA y varios ciclos cardíacos.
- Interrupción respiratoria: se produce por corrientes eléctricas que atraviesan los centros controladores de la respiración, pudiendo causar lesiones irreversibles.
- Tetanización: es una contracción involuntaria de los músculos, que impide separarse del punto de contacto. Se produce a bajas tensiones. Por norma general, los contactos con alta tensión tienen como consecuencia que la víctima salga despedida.

El siguiente cuadro muestra la relación entre la intensidad, el tiempo de contacto y las consecuencias, teniendo en cuenta el sexo de la persona y el tipo de corriente.

Según la intensidad y el tiempo de contacto, se darán unas consecuencias determinadas en el organismo.

Intensidad	Duración del choque eléctrico	Efectos sobre el organismo
0-1	Independiente	- No se siente el paso de corriente. - Umbral de percepción.
1-15	Independiente	- Desde cosquilleos hasta tetanización muscular. - Imposibilidad de soltarse.
15-25	Minutos	- Contracción muscular y dificultad de respiración. - Aumento de la presión arterial. - Límite de tolerancia.
25-50	De segundos a minutos	- Irregularidades cardíacas. - Aumento de la presión arterial. - Fuerte efecto de tetanización. - Inconsciencia. - Aparece fibrilación ventricular.
50-200	Menos de un ciclo cardíaco	- No existe fibrilación ventricular. - Fuerte contracción muscular.
	Más de un ciclo cardíaco	- Fibrilación ventricular. - Inconsciencia. - Marcas visibles. - El inicio de la electrocución es independiente de la fase del ciclo cardíaco.
> 200	Menos de un ciclo cardíaco	- Fibrilación ventricular. - Inconsciencia. - Marcas visibles. - El inicio de la electrocución depende de la fase del ciclo cardíaco. - Iniciación de la fibrilación sólo en la fase sensitiva.
	Más de un ciclo cardíaco	- Marcas visibles. - Paro cardíaco reversible. - Inconsciencia. - Quemaduras.

Recuerde

Según la intensidad y el tiempo de contacto, se darán unas consecuencias determinadas en el organismo.

Aplicación práctica

¿Qué efectos tendría sobre el organismo una intensidad que desarrolla un calor por el circuito de 12247.2 cal, durante un tiempo de 1 minuto y 10 segundos?

SOLUCIÓN

Teniendo Q = 0.24 I2 t, se sustituyen valores y se despeja I, donde
I2 = 12247.2 / (0.24 • 70); I = 27 A.

Por tanto, los efectos serían:

- Irregularidades cardíacas.
- Aumento de la presión arterial.
- Fuerte efecto de tetanización.
- Inconsciencia.
- Aparece fibrilación ventricular.

Para que a una persona le suceda un accidente eléctrico, es condición necesaria el contacto, al menos, con un elemento en tensión. Estos contactos se pueden clasificar en:

- Con paso de corriente:
  - Contactos directos: Se llaman así aquellos en que la persona entra en contacto con una parte activa de la instalación.

  - Contactos indirectos: Son aquellos en que la persona entra en contacto con algún elemento que no forma parte del circuito eléctrico y que, en condiciones normales, no debería tener tensión, pero accidentalmente la tiene.

- Sin paso de corriente:

  - Quemaduras por arco eléctrico.

2.7. Químicos (acumuladores electroquímicos, presencia de ácido, gases inflamables)

Se entiende que hay un riesgo químico cuando la salud de los trabajadores puede verse dañada por la toxicidad de ciertos elementos del ambiente.

La falta de información, junto a la ausencia de un conocimiento preciso de las propiedades intrínsecas de cada agente químico y de la exposición derivada de un uso concreto, dificultan en gran medida la prevención de los trabajadores, expuestos a los riesgos generados por la presencia de estos productos en los puestos de trabajo.

La toxicidad es la capacidad que tienen algunas sustancias para provocar daños en los organismos vivos. Cuando tienen una posibilidad escasa de producir un daño grave, se denominan sustancias nocivas; y cuando la posibilidad es alta y los daños son graves, se conocen como sustancias tóxicas.

Hay una gran variedad de sustancias nocivas y tóxicas:

- **Irritantes:** Producen inflamación de la mucosa. Ácido sulfúrico, ácido nítrico.
- **Asfixiantes:** Impiden la llegada del oxígeno a los tejidos, evitando la oxidación de las células. Hidrógeno, nitrógeno y monóxido de carbono.
- **Narcóticos:** Depresores del sistema nervioso central, que producen somnolencia y pérdida de reflejos y del conocimiento. Cetonas, alcoholes.
- **Pulmonares:** Provocan una deficiencia respiratoria por acumulación en los pulmones. Yeso, mármol y celulosa, característicos de minas, canteras, etc.

- **Cancerígenos:** Potencian la formación de cánceres. Hollín, alquitrán y brea, propios de industrias de limpieza, deshollinado y reparación de chimeneas.
- **Mutágenos:** Alteran el material genético de las células. Mercurio, plomo y óxido de etileno, que se utilizan en farmacia, fabricación de baterías de coche, etc.
- **Teratógenos:** Producen alteraciones en el feto durante el desarrollo uterino. Alcohol, medicamentos y drogas.
- **Sistémicos:** Provocan efectos específicos en órganos vitales alejados de las vías de entrada, como hidrocarburos, que afectan al hígado y al riñón, o el mercurio y el alcohol, que afectan al sistema nervioso.

Factores que influyen en la toxicidad de un elemento

Las características personales del trabajador son decisivas, destacando:

- El sexo: Algunos efectos sólo se producen en la mujer, pues aparecen en el momento del embarazo.
- La edad: Adquiere importancia cuando afecta al desarrollo de las células, ya que es más rápido en las personas jóvenes.
- El peso: Están relacionados con el peso de la persona, a mayor peso, la concentración del tóxico será mayor. En otros casos ocurre lo contrario.
- El estado de salud: Una persona sana soporta mejor los efectos nocivos de cualquier tóxico.
- El estado inmunológico: La capacidad para defenderse de las enfermedades relacionadas con la resistencia del organismo ante la presencia del tóxico.

Las propiedades físico-químicas del tóxico

Son muy importantes por los daños que producen y, también, para establecer un control higiénico adecuado. Destacan:

- La solubilidad: o capacidad que tienen algunos elementos químicos para disolverse en un líquido.
- La volatilidad: o facultad de pasar a estado gaseoso desde el estado físico en que se encuentren.

- La estabilidad: o capacidad para mantenerse en un estado físico o químico concreto (lluvias ácidas).
- La pureza: o grado de calidad que alcanzan las características del tóxico. A mayor pureza, mayor concentración de toxicidad y, por tanto, mayor daño.
- El tamaño de las partículas: o dimensiones de éstas. Puede ser fundamental para que se produzcan el daño, ya que deben tener un determinado tamaño para que sean tóxicas.

La vía de absorción por el organismo

Es el conducto a través del cual el tóxico entra en contacto con las células u órganos del cuerpo. Su clasificación es:

- Vía respiratoria, cuando los tóxicos que se encuentran en el ambiente entran el organismo a través de la nariz, boca, laringe.
- Vía dérmica, cuando el tóxico entra en el organismo por contacto con la piel y se incorpora a la sangre, que lo reparte por todo el organismo.
- Vía digestiva, cuando el tóxico entra en el organismo a través de la boca, esófago, estómago o intestino.
- Vía parenteral, cuando el tóxico penetra en el organismo por heridas o incisiones, produciéndose el contacto directo con la sangre.

La absorción simultánea de varios tóxicos

Se clasifican:

- Independientes, cuando cada uno de ellos produce daños en órganos distintos.
- Aditivos, cuando los efectos se superponen, afectando al mismo órgano de forma independiente, como el plomo y el mercurio.
- Sinérgicos, cuando los efectos dañinos de un contaminante potencian los daños provocados por otro.
- Antagónicos, cuando los efectos de un contaminante atenúan los efectos de otro.

La dosis absorbida

Es la cantidad de tóxico a la que ha estado expuesto el organismo y constituyen el factor más importante, ya que suele haber una relación directa de causa-efecto.

La dosis absorbida por un trabajador depende del tiempo de exposición al tóxico y de la concentración de esa sustancia en el lugar de trabajo. Se han marcado dos tipos de referencia:

- La exposición diaria (ED), que es la concentración media calculada de forma ponderada con respecto a la jornada real, referida a una jornada estándar de ocho horas diarias.
- La exposición corta (EC), que es la concentración media calculada de forma ponderada para cualquier periodo de 15 minutos de la jornada laboral.

Ambas referencias sirven para establecer los valores límites admisibles (VLA) a los que puede estar sometido un trabajador en un periodo dado de tiempo.

Recuerde

Se entiende que hay un riesgo químico cuando la salud de los trabajadores puede verse dañada por la toxicidad de ciertos elementos del ambiente.

2.8. Manejo de herramientas

A continuación, se van a analizar los principales riesgos de las herramientas más usuales y peligrosas que se utilizan para una instalación solar térmica.

Tronzadora

A pesar de tratarse de una máquina de corte y aunque parezca lo contrario, no es una máquina con unos índices de accidentabilidad altos, sino bajos, comparada con otras máquinas utilizadas en las actividades relacionadas con la construcción.

Riesgos

- Contacto con el disco de corte.
- Proyección de la pieza cortada.
- Proyección de partículas a los ojos.
- Dermatitis.

Causas

- **Contacto con el disco de corte:**

  Se trata del riesgo más grave con el que se puede encontrar el operador, se puede dar en las siguientes ocasiones:

  - Durante el desarrollo de las operaciones de corte. Por lo general, el operario sujetará la pieza con una mano y con la otra empujará el carril. La aparición de un trozo más duro en el material puede provocar una sacudida, y que la mano con la que el operario sujeta se precipite hacia el disco. También hay que tener cuidado cuando el material esté rompiéndose, ya que se pierde la estabilidad. Por ello, la sujeción del material debe hacerse con piezas que hagan más segura la utilización de estas máquinas.
  - Contacto fortuito con el disco girando en vacío en posición de reposo. El operario no debe realizar operaciones en zonas próximas al disco mientras éste esté funcionando y no se esté cortando. Cuando se acabe de cortar, se retira la pieza y se coloca una nueva, todo ello con mucho cuidado.
  - Contacto fortuito con el disco girando por falta de concentración. Cuando se corte una pieza, siempre se debe hacer con el máximo cuidado y nunca dando lugar a ningún despiste. La falta de concentración puede ocasionar graves lesiones.

- Caída del disco por la rotura del sistema de sujeción. Hay que revisar estas máquinas, ya que la rotura de la sujeción puede dar lugar a un grave accidente cuando el disco está girando.

- Proyección de la pieza cortada: Se puede producir cuando se están realizando operaciones de tronzado de piezas cortas con topes fijos. Cuando se termina de cortar y se sube el disco, el retal que ha quedado entre éste y el tope de la máquina puede ser arrastrado y proyectado violentamente, incluso, en el peor de los casos, llegar a la rotura del disco.
  Otra forma de que salga proyectado un trozo del material que se está cortando, se produce cuando el disco está desgastado y, en vez de hacer un corte fino, lo que hace son desgarres.
- Proyección de partículas a la zona ocular: Se produce cuando parte del material trabajado sale proyectado e impacta en el ojo del operario, en ausencia de gafas y pantallas protectoras.
- Dermatitis: Cuando se utilice la tronzadora, puede deberse al contacto que el operario puede mantener con la taladrina o aceite de corte, es decir, el líquido que se bombea sobre el filo de la tronzadora para lubricar y refrigerar la zona de trabajo y conseguir así una mayor duración de la herramienta y una mejor calidad en la superficie mecanizada. En la zona de trabajo se genera una gran cantidad de calor que, si no se refrigera, deteriora rápidamente la herramienta.

Cortadora de mesa

Riesgos

- Cortes o amputaciones de dedos y/o manos.
- Proyección de polvo y partículas.
- Rotura del disco.
- Electrocución, debida a la presencia de agua.

Radial

La amoladora o radial es una máquina portátil muy utilizada en trabajos relacionados con la construcción. Comúnmente, se utiliza para la eliminación de rebabas (desbarbado) y amolado de superficies, pero también se puede considerar una máquina de corte, cuando el disco que se le coloca es de diamante o un disco abrasivo.

Riesgos

Como riesgo principal está la rotura y la salida del disco, además del uso y manejo incorrecto de la máquina. Si esto se produce, los daños que se pueden dar suelen ser graves. De menor riesgo, pero también importante, es la inhalación del polvo que se produce en las operaciones de corte y amolado.

Ejemplo

Si se corta un pequeño trozo de mármol, el polvo que se forma es considerable, por lo que se debe mojar el mármol con agua.

El origen de estos riesgos está en:

- Disco deteriorado o agrietado.
- Un defectuoso montaje del disco.
- Una velocidad demasiado alta del disco.
- Excesivo esfuerzo al que se somete a la máquina, que puede producir el bloqueo de ésta.
- Inexistencia de un sistema de bloqueo y extracción de polvo.

Es conveniente señalar que los discos abrasivos pueden romperse, debido a la fragilidad de algunos de ellos. Por ello, la manipulación y almacenamiento debe realizarse con cuidado, teniendo en cuenta las siguientes precauciones:

- En todo momento, los discos deben mantenerse secos, evitando que se almacenen en lugares donde se alcancen temperaturas extremas.

Además, su manipulación se llevará a cabo con cuidado, evitando que choquen entre sí.

- Previo al montaje del disco en la máquina, éste debe examinarse detenidamente, para garantizar que se encuentra en condiciones adecuadas de uso.
- Los discos deben entrar libremente en el eje de la máquina. No se deben forzar ni dejar con demasiada holgura.
- Escoger bien el grado de abrasivo, ya que, si no se hace, se puede romper el disco al ejercer una presión grande. Hay que mirar las indicaciones de la máquina y asegurar que se corresponde con el uso que se le va a dar.- La superficie del disco, juntas y platos de sujeción que están en contacto, deben estar limpias y libres de cualquier cuerpo extraño.
- El diámetro de los platos (bridas de sujeción) deberá ser, al menos, igual a la mitad del diámetro del disco. Es peligrosa la sustitución de las bridas originales por otras cualesquiera.
- Entre el disco y los platos de sujeción deben interponerse juntas de un material elástico, como papel, cuyo espesor debe estar comprendido entre 0,3 y 0,8 mm.
- Al apretar la tuerca del extremo del eje, debe hacerse con cuidado para que el disco quede firmemente sujeto, pero sin sufrir daños.
- Los discos abrasivos que se utilizan en las máquinas portátiles deben tener un protector, con una abertura angular sobre la periferia de 180º como máximo. La mitad superior del disco debe estar completamente cubierta.
- Cuando se coloca un disco nuevo en la radial, antes de usarlo, es conveniente hacerlo girar en vacío durante un tiempo suficiente (un minuto) y siempre con el protector puesto. Durante este tiempo, no debe haber personas en las proximidades de la abertura del protector, por el peligro que puede provocar la salida del disco.

Guillotina

Riesgos

- Corte y/o amputaciones por atrapamiento entre las cuchillas.
- Aplastamiento de las manos entre el pisón y la pieza a cortar.
- Cortes con las piezas.

Como accidente más grave al utilizar la guillotina, hay que destacar el atrapamiento entre la cuchilla y la mesa, además del atrapamiento con los pisones. Puede darse el caso de que se produzcan los dos al mismo tiempo. Varias causas pueden originar este tipo de accidente:

- Activación accidental del órgano de accionamiento durante procesos de producción y mantenimiento.
- Inexistencia de protección frontal que limite el acceso a la zona de peligro, tanto por la cara frontal como por la posterior.
- Introducción de las manos en la zona de ejecución de la máquina, al alimentar o rectificar la posición de la pieza.
- Introducción de las manos en la zona de operación del pisón, al colocar o rectificar la posición de la pieza a cortar.
- Acceso a zona de corte durante procesos de reglaje.
- Realizar el proceso productivo con dos operarios y un único órgano de accionamiento.
- Acceso de un tercer operario a la zona trasera o por los laterales durante el proceso de producción.

Con respecto al peligro de que el operario sufra cortes con las piezas, estos pueden ocurrir por las siguientes causas:

- Las piezas poseen resaltes (rebabas).
- La estrechez de las piezas.
- Su caída durante el proceso productivo.

Pulidora

Riesgos

- Golpes y contactos con objetos, herramientas o elementos móviles de la máquina.
- Sobreesfuerzos.
- Contactos térmicos y/o eléctricos.
- Riesgo de daños a la salud, derivados de la exposición al polvo.
- Riesgo de daños a la salud, derivados de la exposición a agentes físicos como ruidos y vibraciones.

Martillo neumático

Riesgos

- Lesiones osteoarticulares, debidas fundamentalmente a las vibraciones.
- Lesiones en el oído, debidas al ruido que produce la máquina.
- Golpes causados por la proyección de fragmentos o partículas, procedentes de la operación de golpear.
- Golpes y cortes, debidos al rechazo de máquina.
- Quemaduras, por el contacto del martillo neumático.
- Inhalación del polvo producido en las operaciones.
- Explosiones, en caso de martillos neumáticos o si se perfora accidentalmente una conducción.
- Contactos eléctricos, en caso de martillos percutores eléctricos o si se perfora accidentalmente una conducción.

Sierra Circular

Riesgos

- Electrocución.
- Cortes o amputaciones de dedos y/o manos.
- Atrapamientos con la correa de transmisión.
- Golpes con el material cortado, por retroceso de la máquina.

Taladradora

Riesgos

- Proyección de fragmentos o partículas.
- Sobreesfuerzos.
- Contactos eléctricos.
- Riesgo de daños a la salud, derivados de la exposición a agentes químicos, como el polvo.
- Riesgo de daños a la salud, derivados de la exposición a agentes físicos, como ruidos y vibraciones.
- Caída de objetos por manipulación.
- Golpes y contactos con objetos inmóviles, herramientas o elementos móviles de la máquina.

Lijadora

Riesgos

- Contactos fortuitos con la lija durante las operaciones de trabajo.
- Proyección de partículas a los ojos.
- Rotura de la banda de lija, con la posibilidad de que salga proyectada.
- Contacto con el líquido refrigerante (taladrina).

En este punto, hay que hacer una mención especial al tema de las vibraciones. En este sentido, los equipos que más afectan al operador son:

- Máquinas o herramientas portátiles motorizadas (eléctricas o neumáticas).
- Máquinas motorizadas que se lleven y/o guíen manualmente.
- Máquinas móviles conducidas por un operador, que se sienta sobre la máquina o permanece de pie sobre la misma.

La exposición a vibraciones se produce cuando se transmite a alguna parte del cuerpo el movimiento oscilante de uno de los equipos manuales.

Según la frecuencia y la intensidad del movimiento oscilatorio, la vibración puede causar desde un simple malestar hasta alteraciones graves de la salud, pasando por la pérdida de precisión al ejecutar movimientos o la pérdida de rendimiento, debida a la fatiga. Los efectos más graves que pueden producir las vibraciones en el cuerpo humano son de tipo vascular, osteomuscular y neurológico. Las enfermedades osteomusculares y angioneuróticas provocadas por vibraciones, están incluidas en el cuadro de enfermedades profesionales en el sistema de la Seguridad Social.

Según el modo de contactar el equipo que vibra con el cuerpo, la exposición a vibraciones se divide en dos grandes grupos: vibraciones mano-brazo y vibraciones globales.

- Vibraciones mano – brazo:
  Resultan del contacto de los dedos o la mano con algún elemento vibrante, por ejemplo, con la empuñadura de un equipo manual. Los efectos adversos suelen manifestarse en la zona de las manos

y brazos, pero también puede existir una transmisión importante al resto del cuerpo.

La transmisión de vibraciones al sistema mano-brazo puede llevar a una serie de trastornos neuro-vasculares, siendo el más frecuente el conocido como Síndrome de vibración en mano-brazo, Síndrome de dedo blanco, o Síndrome de Raynaud. Éste se caracteriza, en sus etapas iniciales, por el agarrotamiento e insensibilidad de los dedos, además de que se vuelven pálidos. En algunos casos, se da el Síndrome de Dart: inflamación y enrojecimiento de los dedos, que también puede aumentar el riesgo de trastornos osteoarticulares, como artrosis en el codo y lesiones de muñeca.

- Vibraciones globales o de cuerpo completo:

  Las vibraciones que afectan al cuerpo entero pueden dar lugar a traumatismos en la columna vertebral, aunque, normalmente, las vibraciones no son el único agente causal. Estos efectos sobre la columna pueden provocar y agravar las lesiones de los discos intervertebrales, pinzamientos, lumbalgias, lumbociáticas y lesiones raquídeas menores.

  Aunque sus efectos son reversibles si se tratan a tiempo, estas vibraciones a la globalidad del cuerpo pueden dar lugar a lesiones crónicas o incapacidades, si se da una alta exposición a vibraciones durante un tiempo prolongado.

  También se pueden atribuir a las vibraciones globales: dolores abdominales y digestivos, problemas de equilibrio, dolores de cabeza, trastornos visuales, falta de sueño y síntomas similares. Sin embargo, no es posible saber con exactitud qué grado de estas enfermedades es causado por las vibraciones globales.

3. Otros tipos de riesgo

3.1. Climatológicos

Los riesgos climatológicos que puede sufrir un instalador son los propios de un trabajador al aire libre, con el agravante de que se puede trabajar en altura en determinadas instalaciones.

Los principales factores ambientales que afectan a la salud en los trabajos al aire libre son:

- Temperatura del aire.
- Humedad relativa.
- Calor radiante, procedente del sol o de otras fuentes.
- Calor por conducción de fuentes, tales como el suelo.
- Movimiento del aire.
- Carga de trabajo y duración.
- Ropa y equipos de protección personal.

AZ

Definición

Estrés térmico
Carga global de calor del organismo, que resulta de la combinación del calor generado al trabajar, del calor ambiental (temperatura del aire, humedad, velocidad del aire, radiación del sol o de otras superficies o fuentes de calor) y del tipo de ropa.

El riesgo de sufrir alteraciones en la salud para una persona expuesta a un ambiente caluroso depende, por tanto, de la producción de calor de su organismo, como resultado de la actividad física y de las características del ambiente que le rodea, que condiciona el intercambio de calor entre el ambiente y su cuerpo.

El organismo dispone de mecanismos para regular su temperatura, como el aumento del flujo sanguíneo y la evaporación del sudor. Sin embargo, el trabajo en ambientes calurosos puede hacer que el calor generado por el organismo no pueda ser emitido al ambiente, por lo que se acumula en el interior del cuerpo, aumentando el riesgo de sufrir trastornos como deshidratación, calambres, agotamiento por calor y golpe de calor o insolación, que puede conducir a la muerte.

Dentro de los trabajos que presentan mayores riesgos, destacan la construcción, la agricultura y excavaciones y asfalto de carreteras, sobre todo cuando se realizan esfuerzos físicos y el ambiente es húmedo y caluroso.

Los factores personales agravan las consecuencias de los efectos climatológicos:

- Mal estado físico.
- Falta de aclimatación.
- Edad.
- Estado de salud.
- Consumo de alcohol, drogas y cafeína.
- Ciertas medicaciones que afecten a la retención de agua por el organismo o a otras respuestas fisiológicas al calor.
- Haber sufrido enfermedades relacionadas con el calor.

Importante

Es necesario consultar con el servicio médico si la medicación que se está tomando puede tener efectos adversos cuando se trabaja en ambientes calurosos.

Los efectos de la excesiva exposición al calor son:

- **Calambres.** Aunque es la alteración menos severa, puede ser la primera señal de que el organismo tiene problemas de calor. Están causados por la pérdida excesiva de sal a través del sudor y sus síntomas son:
  - Dolores musculares o espasmos.
  - Sudoración excesiva.

- **Agotamiento por calor.** Se presenta como consecuencia de la pérdida excesiva de agua y sal, debida a la sudoración durante periodos prolongados de ejercicio físico. Sus síntomas son:
  - Respiración corta y rápida.
  - Pulso rápido y débil.
  - Sudoración, piel húmeda y pálida.
  - Cambios de humor, irritabilidad o confusión.
  - Calambres musculares.
  - Dolor de cabeza y nauseas o vómitos.
  - Debilidad, fatiga, mareos, vértigo o desmayo.

- **Golpe de calor o insolación.** Es muy grave y debe tratarse como una emergencia médica. Se produce cuando los mecanismos de eliminación de calor están colapsados y fallan, con lo cual la sudoración se detiene y la temperatura interna del cuerpo comienza a subir. Sin asistencia médica, la insolación puede ocasionar pérdida de conocimiento, daño cerebral irreversible y muerte. Sus síntomas son:
  - Piel seca y caliente, sin sudor.
  - Aumento de la frecuencia respiratoria.
  - Dolor de cabeza, nauseas y vómitos.
  - Confusión mental o pérdida de conocimiento.
  - Convulsiones o ataques.
  - Pulso irregular.
  - Paro cardíaco.

El golpe de calor puede tener lugar rápidamente. La presencia de piel enrojecida, seca y sin ninguna evidencia de sudor, es una de las señales más importantes del golpe de calor.

La presencia de piel enrojecida, seca y sin ninguna evidencia de sudor, es una de las señales más importantes del golpe de calor.

Recuerde

La presencia de piel enrojecida, seca y sin ninguna evidencia de sudor, es una de las señales más importantes del golpe de calor.

3.2. Sonoros

El campo de audición se da en el sonido con frecuencias entre 20 y 2000Hz., y sus efectos sobre la persona pueden suponer pérdida auditiva en la comunicación oral (enmascaramiento, fatiga, hipoacusia y sordera profesional).

Los efectos que producen la pérdida de la capacidad auditiva en la comunicación oral, son:

- **Enmascaramiento.** La percepción oral queda sin efecto, debido a niveles sonoros de fondo que impiden la compresión de las palabras.
- **Fatiga.** Aumento del dintel de audición a consecuencia de una exposición a niveles sonoros altos, que es recuperable y transitoria en un tiempo variable.
- **Hipoacusia.** Entre las frecuencias de 4000–6000Hz., y ante una exposición repetida con nivel sonoro alto, se producen en las personas lesiones irreversibles.
- **Sordera profesional.** Se produce cuando la hipoacusia llega a alcanzar las frecuencias que se dan en la comunicación oral entre las personas.

4. Delimitación y señalización de áreas de trabajo que conlleven riesgos laborales

La señalización es una información y, como tal, un exceso puede generar confusión. Las situaciones que se deben señalizar son:

- El acceso a todas aquellas zonas o locales para cuya actividad se requiera la utilización de un equipo o equipos de protección individual (dicha obligación no sólo afecta al que realiza la actividad, sino a cualquiera que acceda durante su ejecución: señalización de obligación).

- Las zonas o locales que, para la actividad que se realiza en ellos o bien por el equipo o instalación que allí exista, requieran de personal autorizado para su acceso (señalización de advertencia de peligro de la instalación, o señales de prohibición a personas no autorizadas).
- Señalización en todo el centro de trabajo que permita conocer a todos sus trabajadores situaciones de emergencia y/o instrucciones de protección (la señalización de emergencia puede ser mediante señales acústicas o comunicaciones verbales, o bien en zonas donde la intensidad de ruido ambiental no lo permita o las capacidades físicas auditivas estén limitadas, mediante señales luminosas).
- La señalización de los equipos de lucha contra incendios, las salidas y recorridos de evacuación, y la ubicación de primeros auxilios (señalización en forma de panel).
- Cualquier otra situación que, como consecuencia de la evaluación de riesgos y las medidas implantadas, así lo requiera.

4.1. Clases de señales

Prohibición

El círculo es la forma de las señales de prohibición. El color del fondo de la señal es blanco, la corona circular y la barra transversal a 45° son rojas, el símbolo de seguridad es negro, se ubica en el centro de la señal y no se superpone a la barra transversal. El color rojo cubre, como mínimo, un 35% de la señal.

Prohibición de una acción susceptible de provocar un riesgo.

Obligación

El círculo cuyo fondo es azul y contiene en su centro un símbolo de seguridad blanco, corresponde a las señales de obligatoriedad. El color azul cubre, como mínimo, un 50% del área de la señal.

Descripción de una acción obligatoria.

Peligro

El triángulo es la forma de las señales de advertencia. El color de fondo de la señal es amarillo y cubre, como mínimo, un 50% del área. La banda que la bordea es negra, al igual que el símbolo que se ubica en la parte central de la misma.

Advierte de un peligro.

Precaución

Cuadrado o rectángulo.

Proporciona información para casos de emergencia.

Información

La forma de dicha señal podrá ser cuadrada o rectangular según convenga, el fondo es de color verde y el símbolo de seguridad, blanco. El color verde cubre, como mínimo, el 50% del área de la señal.

4.2. Textos

Toda señal de seguridad e higiene podrá complementarse con un texto, fuera de sus límites. Este texto cumplirá con lo siguiente:

a. Ser un refuerzo a la información que proporciona la señal de seguridad e higiene.
b. La altura del texto, incluyendo todos sus renglones, no será mayor a la mitad de la altura de la señal de seguridad e higiene.
c. El ancho de texto no será mayor al ancho de la señal de seguridad e higiene.
d. Estar ubicado debajo de la señal de seguridad e higiene.
e. Ser breve y concreto.
f. Contrastar con el color de seguridad correspondiente a la señal de seguridad e higiene que complementa.

4.3. Dimensiones

Las señales serán tan grandes como sea posible, siendo su tamaño congruente con el lugar en donde se colocan y con el tamaño de los objetos, dispositivos o materiales a los cuales se fijan. En todos los casos, el símbolo deberá ser identificado desde una distancia segura.

El área de la señal deberá estar relacionada con la distancia más grande a la cual deba ser advertida. Dicha área puede hallarse mediante la siguiente fórmula, que es conveniente utilizar para distancias inferiores a 50 metros:

A mayor o igual que L2 / 2000

Siendo A: área de la señal en M^2 L: distancia a la señal en m.

5. Medidas preventivas y correctoras ante los riesgos detectados

A continuación, se exponen las medidas preventivas para evitar los riesgos mencionados anteriormente.

En primer lugar, para levantar o manejar cargas, es fundamental planificar antes la acción:

- Examinar el objeto en busca de posibles suciedades, bordes afilados, etc.
- Decidir, a partir de su forma, peso y volumen, el punto o puntos de agarre.
- Eliminar cualquier objeto que se interponga en el camino a seguir durante el transporte de la carga.
- Tener claro donde se va a dejar la carga.
- Si no se tiene claro, pedir ayuda para realizar el levantamiento.

Las cinco reglas tradicionales para levantar una carga son:

1. Disponer los pies de forma tal que la base de sustentación permita conservar el equilibrio. En principio, los pies han de estar separados por una distancia equivalente a la anchura de los hombros.
2. Doblar las rodillas y no doblar la espalda. Incluso cuando no se sostiene ninguna carga, la fuerza sobre los discos intervertebrales aumenta al inclinarse hacia adelante. Si la inclinación es de 40º, la fuerza ejercida a la altura de las vértebras lumbares es el doble de la ejercida cuando se está de pie.

3. Acercar al máximo el objeto al centro del cuerpo. El aspecto más importante de cualquier actividad de manipulación, es la distancia horizontal entre la carga y la columna vertebral.
4. Levantar el peso gradualmente, suavemente y sin sacudidas.
5. No girar el tronco mientras se está levantando la carga, es preferible moverse y pivotar sobre los pies.

El manejo de una carga entre dos personas deberá considerarse cuando se produzca alguna de las siguientes circunstancias:

- El objeto que se debe manejar tiene, al menos, dos dimensiones superiores a 76 cm., independientemente de su peso.
- El levantamiento de la carga no es el trabajo habitual y su peso es superior a 25 Kg.
- El objeto es muy largo y es difícil su traslado de forma estable por una sola persona.

Se debe tener en cuenta en los levantamientos entre dos personas:

- La necesidad de coordinación va en beneficio de la prevención y en perjuicio de la eficacia.
- La capacidad de levantamiento en condiciones de seguridad de dos personas no es superior a una vez y media de la capacidad de un hombre solo en iguales circunstancias, y en el caso de tres personas, la capacidad es sólo del doble.
- Es esencial que haya una persona responsable de la operación de levantamiento.

Para los trabajos en altura:

Cuando el acceso a la cubierta se haga por medio de escaleras manuales, se deben tomar todas las medidas de seguridad inherentes a su uso.

Si se trata de alturas superiores a siete metros y el acceso se realiza mediante escalas fijas verticales o inclinadas, se deben cumplir las recomendaciones especificadas en el RD 2177/2004, de 12 de noviembre, por el que se modifica el RD 1215/1997, de 18 de julio, por el que se establecen las disposiciones mínimas de seguridad y salud para la utilización por los trabajadores de los equipos de trabajo, en materia de trabajos temporales en altura, añadiendo:

- Al pie de la escalera se instalará un cartel que indique la prohibición de uso por personal no autorizado, además de instalar una puerta provista de cierre con llave.
- Al final de la escalera se instalará una barandilla basculante con dispositivo de cierre automático por gravedad, que asegure que el operario no caerá por la abertura de la escala.

La instalación de protecciones colectivas, de forma permanente o eventual, asegura al trabajador contra cualquier caída por rotura por parte de la cubierta, lucernarios, claraboyas, etc.

Se deben instalar redes de seguridad siempre que las condiciones de la nave así lo permitan y como medida complementaria a otras, frente a la existencia del riesgo de caída de altura.

Existen distintos tipos de barandillas: fijadas sobre vigas de madera o metálicas, o aprovechando el sistema que fija las piezas que forman la cubierta.

Para no pisar directamente sobre las cubiertas, se utilizan **pasarelas de circulación** de los trabajadores sobre la cubierta, facilitando la realización de trabajos sobre ésta. Para facilitar su montaje, deben estar diseñadas para ser ensambladas a medida que se avanza en los trabajos, y ser desplazadas sin que en ningún caso el trabajador deba apoyarse directamente sobre la cubierta. Según la frecuencia de acceso a la cubierta, las pasarelas pueden dejarse permanentemente sobre ella.

Recuerde

Para no pisar directamente sobre las cubiertas, se utilizan pasarelas de circulación de los trabajadores sobre la cubierta, facilitando la realización de trabajos sobre ésta.

Los materiales más utilizados en la fabricación de las pasarelas son el aluminio y la madera. El aluminio es un material muy apropiado para las pasarelas, por ser ligero e inoxidable. La superficie debe ser antideslizante, flexible y con perforaciones, para limitar la acción del viento. Los módulos deben tener unas perforaciones longitudinales, que permitan el paso de las fijaciones de la cubierta.

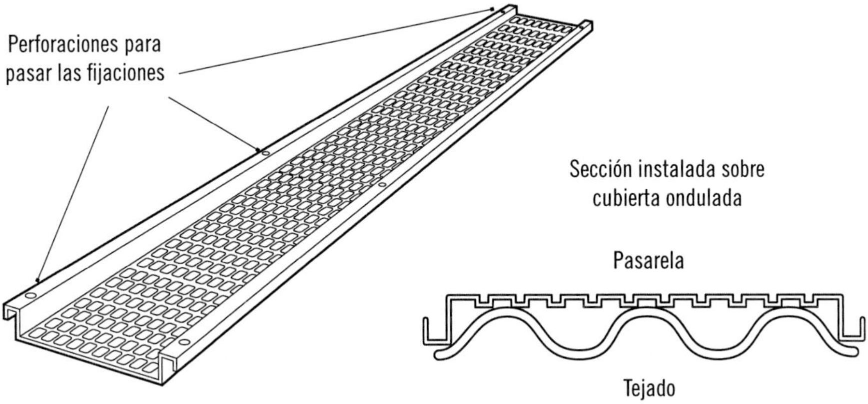

Sus características técnicas esenciales son las siguientes: anchura mínima, 0,5 m.; longitud aproximada, 3 m.; espesor, 0,03 m.; peso, 15 Kg. La pendiente máxima para instalar estos dispositivos es del 40% y la carga máxima de servicio es de 100 Kg. por cada 2,25 m.

El ensamblaje de las pasarelas se hace mediante dos eclisas, que se introducen en cada uno de los dos extremos doblados de una pasarela. Luego se ensamblan con una segunda pasarela.

Hay diferentes sistemas de instalación de pasarelas de aluminio:

Las pasarelas paralelas a la pendiente de la cubierta deben instalarse con sus bordes doblados orientados hacia el suelo. Para evitar los riesgos derivados de un posible basculamiento en caso de choque en los puntos A o B, las placas deben ser fijadas en dos puntos, situados cada uno de ellos sobre una línea de apoyo, por medio de una plaquita situada sobre las fijaciones de la placa.

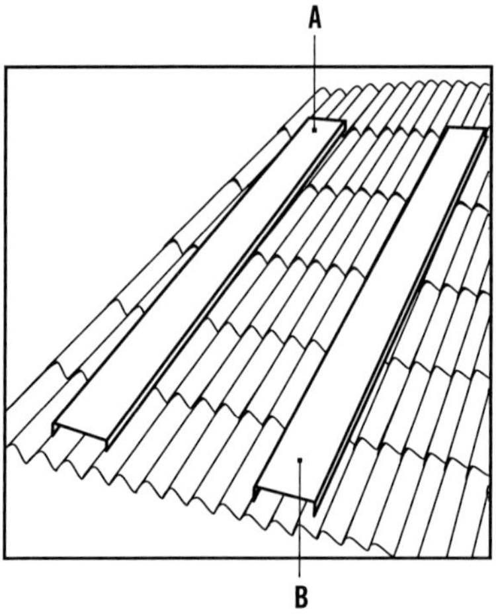

Las pasarelas perpendiculares a la pendiente de la cubierta deben instalarse con sus bordes doblados orientados hacia el cielo. Cuando la pendiente es inferior al 15%, deben instalarse a lo largo de las líneas de las fijaciones. Nunca se deben instalar en medio de un vano. Si el apoyo constituido por las fijaciones existentes es insuficiente, es conveniente instalar tres topes de seguridad por pasarela, montados sobre fijaciones. Cuando la pendiente está comprendida entre el 15 y el 40%, las pasarelas deben asegurarse mediante tres topes de seguridad o por doble chaveteado, sobre una pasarela paralela a la línea de máxima pendiente previamente asegurada.

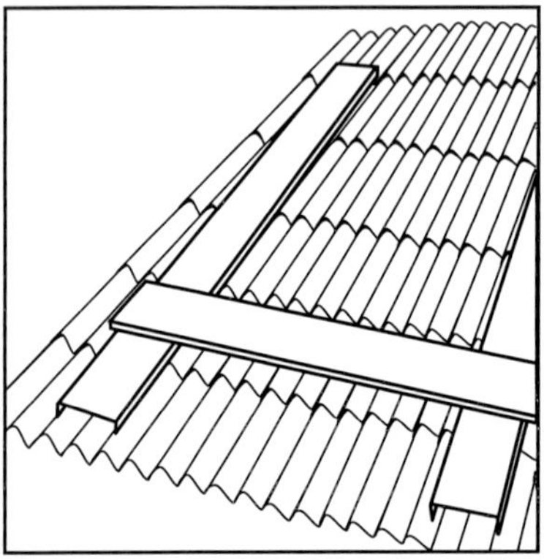

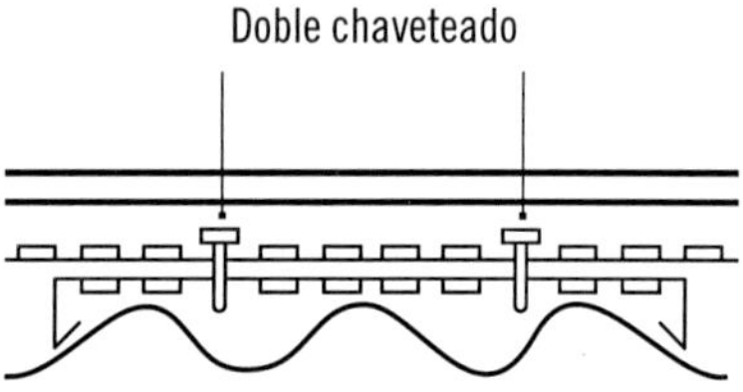

Dobles chaveteados

Las pasarelas también pueden colocarse solas o ensambladas de forma combinada perpendiculares y paralelas. Cuando la pendiente es inferior al 15%, las pasarelas solas o ensambladas paralelas a la pendiente deberán estar aseguradas, como mínimo, en dos puntos de sujeción; y las perpendiculares a la pendiente deberán estar instaladas a lo largo de la línea de fijaciones. En el caso de que las fijaciones sean insuficientes, es conveniente instalar tres topes de seguridad por pasarela.

Cuando la pendiente esté comprendida entre el 15 y el 40%, las pasarelas paralelas a la pendiente deben estar aseguradas en dos puntos de sujeción, y las perpendiculares a la pendiente deben estar obligatoriamente estabilizadas por topes de seguridad o por doble chaveteado sobre dos pasarelas paralelas a la pendiente, las cuales a su vez están aseguradas.

Cuando las pasarelas se montan directamente sobre las vigas, se pueden colocar indistintamente con sus bordes doblados mirando al suelo o al cielo, presentando en este último caso una mayor resistencia a la flexión. Para fijarlas a las vigas, se utilizan topes fijados a las pasarelas y las vigas simultáneamente.

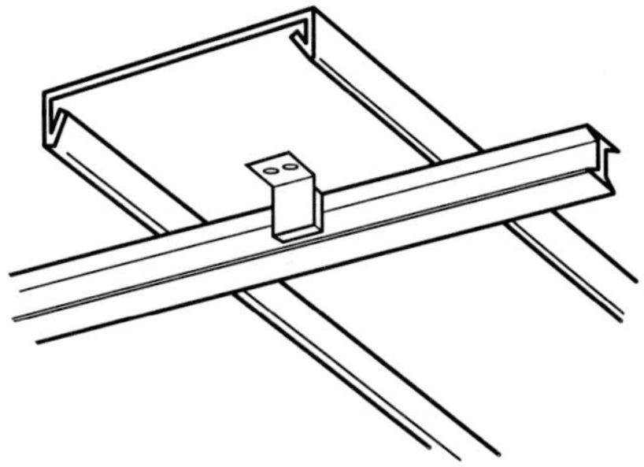

Las pasarelas de madera se montan con la ayuda de cinco elementos principales: topes de servicio, pasarelas con traviesas superpuestas, escaleras, pasarelas de tope y pasarelas de circulación.

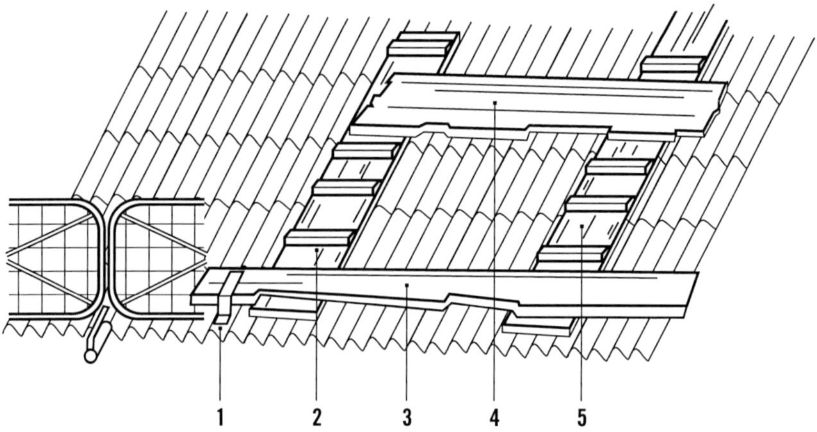

1. Topes de servicio
2. Escaleras
3. Paralelas con traviesas superpuestas
4. Pasarela de circulación
5. Pasarela de tope

Los topes de servicio se componen de una horquilla soldada a una pletina con un agujero, para poder pasar un tornillo de fijación, y de una cuña de madera agujereada igualmente. Están destinados únicamente a bloquear y asegurar las pasarelas de tope, no debiéndose utilizar para anclar cinturones de seguridad. El montaje y su distribución sobre la cubierta, se hace en líneas horizontales, espaciadas por una distancia igual a la anchura de las pasarelas de tope que vayan a utilizarse.

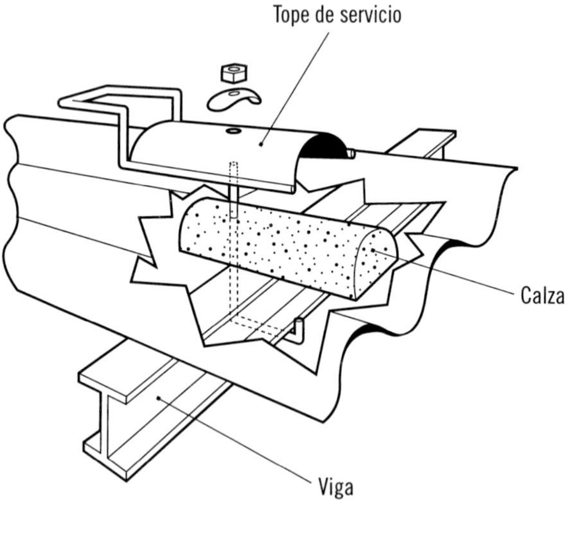

La primera línea se debe instalar sobre la viga maestra, mientras que la última se colocará sobre la viga más cercana a la cumbrera, de forma que la distancia sea, como máximo, la anchura de las escaleras o aproximadamente 3m. Se instalarán las líneas intermedias que sean necesarias, en función de la longitud de la cubierta.

Las pasarelas con traviesas superpuestas están situadas paralelamente a la línea de máxima pendiente, suelen estar constituidas por dos tablones de 0,22m de anchura, unidos entre sí por traviesas. Las medidas principales aconsejables son: espesor mínimo, 0.35m; anchura mínima, 0.44m; longitud, múltiplo de la separación entre vigas (más 0.30m de la longitud total de la cubierta con un mínimo de 3m); sección de las traviesas, 40 por 30mm; separación entre traviesas, 0.35 m.

Las escaleras están situadas paralelamente a la línea de máxima pendiente. Están formadas por dos montantes unidos por listones.

Las medidas principales aconsejables son: longitud, múltiplo de la separación entre vigas (más 0.30m de la longitud total de la cubierta, con un mínimo de 3m); sección de los montantes, 0.80 por 0.50m; sección de los listones, 0.40 por 0.30m; anchura, 0.35 m; distancia entre listones, 0.35m.

Las pasarelas de tope están situadas perpendicularmente a la línea de máxima pendiente y, sujetadas por los topes de servicio, sirven para impedir que se deslicen las escaleras. En ningún caso deben servir como pasarelas de circulación. Las medidas principalmente aconsejables son: espesor mínimo, 0.27 m; anchura mínima, 0.22m; longitud, 4m.

Las pasarelas de circulación están situadas perpendicularmente a la línea de máxima pendiente y descansan sobre las escaleras o pasarelas con traviesas entre dos listones o traviesas consecutivas. Cada camino para circular esta formado por un mínimo de dos pasarelas de circulación. Las medidas principales aconsejables, para cada una de estas dos pasarelas, son: espesor mínimo, 0.35 m; anchura, 0.30 m. Estas pasarelas sólo pueden utilizarse si la pendiente es igual o inferior al 15%.

Para trabajos en altura, y siempre que no sea posible instalar protecciones colectivas que ofrezcan completa seguridad frente a tal peligro, se deberán utilizar por parte de los trabajadores **equipos individuales de protección**, constituidos por cinturones de seguridad de suspensión, compuestos por arneses regulables asociados a algún tipo de dispositivo anticaídas. Las extremidades del cable o de los dispositivos anticaídas deben estar fijadas en un punto de anclaje frontal o dorsal del arnés, en función del trabajo a efectuar.

Recuerde

Los trabajadores deberán utilizar equipos individuales de protección para los trabajos en altura, siempre que no sea posible instalar protecciones colectivas que ofrezcan completa seguridad frente a tal peligro.

Para el acceso a cubiertas utilizando escaleras de longitud superior a 7m, se utilizan dispositivos anticaídas clase A, de los tipos 1 y 2, pues permiten una gran libertad de movimientos, permitiendo descansar en cualquier momento, y son aconsejables en accesos a cubiertas mediante escaleras fijas verticales. Estos dispositivos deben utilizarse con cinturones de suspensión o de caída sin el elemento de amarre, efectuándose la unión entre la faja o el arnés y el dispositivo a través de elementos de anclaje.

Para trabajos sobre cubiertas, se utilizan dispositivos anticaídas clase A, de los tipos 3 y 4. Para su uso correcto, el dispositivo debe situarse por encima del operario, colocándolo en puntos de fijación cuyas características de resistencia sean idóneas para garantizar su funcionalidad. Estos dispositivos deberán utilizarse con cinturones de caída, pudiéndose efectuar la unión a la línea de anclaje extensible bien directamente entre los elementos de anclaje y el elemento de amarre, bien entre el elemento de anclaje y la zona de conexión del arnés.

Para trabajos localizados, el dispositivo anticaídas se sujeta a un punto de anclaje concreto, situado sobre la cumbrera.

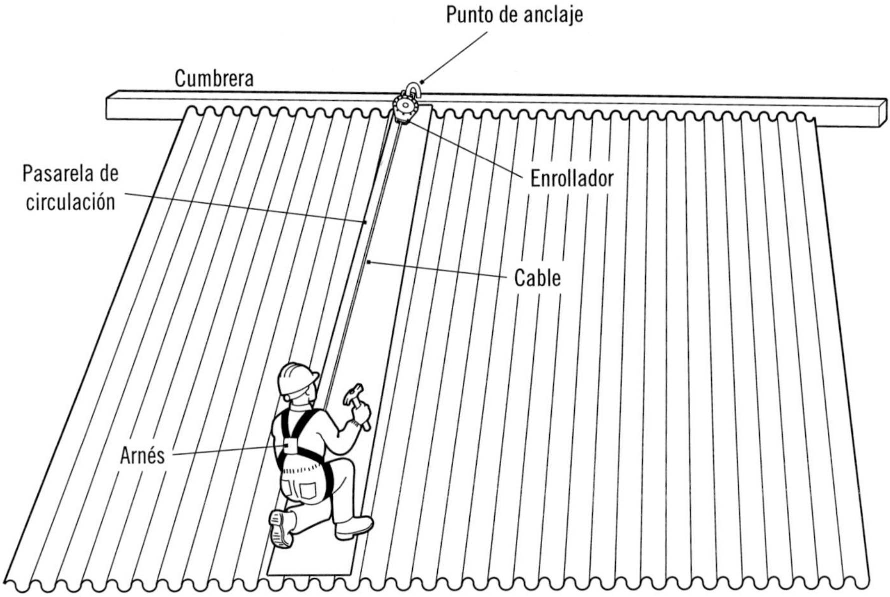

Para trabajos sobre una gran superficie, se utilizan dos dispositivos anticaídas con enrollador, anclados en dos puntos de anclaje y situados en ambos extremos de la cumbrera.

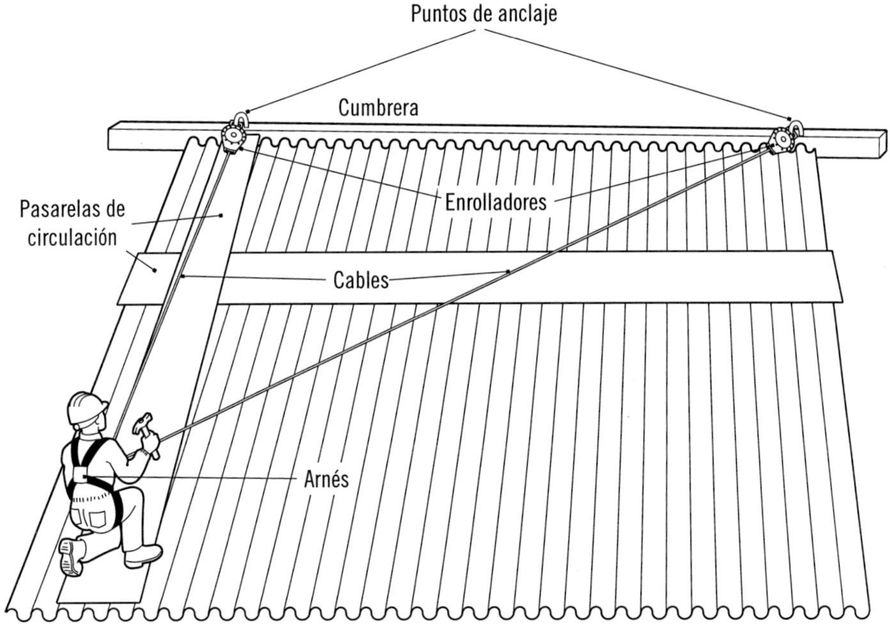

Existen diversos tipos y sistemas de instalación de puntos de anclaje para cinturones de seguridad y sujeción de pasarelas (ganchos, anillas, etc.).

5.1. Medidas de seguridad ante riesgos eléctricos

Alejamiento y separación de las partes activas

Consiste en separar las partes activas de la instalación a una distancia suficiente del lugar donde las personas habitualmente se encuentran o circulan, para que sea imposible un contacto voluntario o accidental con las manos (por la manipulación) o con otra parte del cuerpo.

Esta medida no garantiza una protección completa y su aplicación se limita, en la práctica, a los locales de servicio eléctrico sólo accesibles al personal autorizado.

La puesta fuera de alcance por alejamiento está destinada solamente a impedir los contactos fortuitos con las partes activas.

En el caso de manipular objetos conductores, se deberá aumentar esta distancia de acuerdo con la longitud de estos.

Interposición de obstáculos

En este caso, se debe impedir todo contacto accidental de las partes activas al descubierto de la instalación. Los obstáculos de protección deben estar fijados de forma segura y resistir los esfuerzos mecánicos usuales que puedan presentarse en su función.

Pueden ser tabiques, rejas, pantallas, etc. Si se utilizan elementos metálicos, estos se considerarán como masas y dispondrán de protección contra contactos indirectos.

Recubrimiento de las partes activas

Esta medida se cumple a través de los materiales aislantes que recubren las partes activas, debiendo ser capaces de conservar sus propiedades con el tiempo, y teniendo un límite de corriente de contacto con un valor no superior a 1mA.

No se consideran materiales apropiados las lacas, barnices, pinturas o productos similares.

Empleo de pequeñas tensiones de seguridad

Este sistema consiste en la utilización de tensiones de 24 ó 50V, según se trate de locales húmedos y conductores o secos no conductores. Las tensiones de seguridad serán suministradas por transformadores, baterías o similares, y estarán aisladas de tierra.

La justificación de esta limitación de tensión es a partir del cálculo de la máxima intensidad soportable por el ser humano, sin sufrir peligro en un determinado tiempo.

Condiciones especiales que deben reunir el circuito de utilización y los equipos:

- El circuito de utilización no estará puesto en tierra, ni en conexión eléctrica con circuitos de tensión más elevada.
- No se efectuará transformación directa de alta tensión a la tensión de seguridad.
- Las masas de los circuitos de utilización (secundario) no estarán unidas ni con tierra ni con otras masas.

Interruptores diferenciales

Esta protección es complementaria a las anteriores y permite asegurar una rápida desconexión de la instalación, reduciendo la probabilidad de consecuencias mortales en los casos de accidente por contacto directo.

Formación y capacitación del personal

Para poder realizar trabajos en instalaciones eléctricas, los operarios deben poseer la formación y acreditación oficial exigibles en las normas legales que les afectan, así como una formación específica de los riesgos de los aparatos y herramientas que manejan, y del significado de la simbología y la señalización.

Utilización de EPI

En aquellos casos en los que las protecciones colectivas no pueden cubrir la totalidad de los riesgos eléctricos, se deberán utilizar los equipos de protección individual aislantes adecuados: guantes, cascos, banquetas o alfombrillas, gafas y/o pantallas faciales resistentes al arco eléctrico, etc.

Normas de comportamiento. Procedimiento de trabajo

Las empresas que realicen trabajos sobre instalaciones eléctricas deben desarrollar normas operativas de carácter específico y procedimientos de trabajo de acuerdo a la normativa vigente, que abarquen los puntos básicos de desarrollo de los trabajos: asignación y limitación de trabajos, acreditaciones del personal, métodos de trabajo, casos de paralización, intervenciones de emergencia, etc.

Señalización

Consiste en la colocación de señales de prohibición, precaución o información en los lugares apropiados.

Identificación y detección

Consiste en la identificación y comprobación de tensiones en las instalaciones eléctricas, antes de actuar sobre ellas.

5.2. Medidas preventivas ante el riesgo químico

La higiene industrial es una técnica específica de prevención sobre el riesgo químico. Tiene en cuenta distintos factores:

- Sustituir, siempre que sea posible, las sustancias nocivas por otras inocuas.
- Aislar el tóxico, para que no entre en contacto con los trabajadores.

- Disminuir en lo posible el número de personal susceptible de estar afectado.
- Disminuir al máximo las concentraciones, por dilución o por extracción.
- Formar al personal en el conocimiento de las características de las sustancias nocivas.
- Explicar a los trabajadores los posibles daños que pueden producirse.
- Mantener la higiene diaria y eficaz de los trabajadores expuestos.
- Limitar la dosis de tóxico absorbida por el trabajador.
- Utilizar equipos especiales de protección individual, cuando las protecciones colectivas no sean idóneas.

5.3. Herramientas

Tronzadora

Medidas preventivas

- Cuando se vaya a cortar una pieza, la sujeción de ésta con la mesa no debe realizarse con las manos, sino con la ayuda de prensores adecuados, para que haga más segura la utilización de estas máquinas. Estos prensores deben garantizar una fijación sólida y fuerte de la pieza a la mesa de apoyo. Mediante esta medida preventiva, se reduce, incluso se anula, el riesgo de contacto con el disco durante la operación de corte, ya que permite alejar las manos de la zona de trabajo.
- El disco de corte poseerá las suficientes protecciones. Por ejemplo, contará con una pantalla de material transparente que permita observar la línea de corte. Esta pantalla, retráctil o basculante, debe garantizar la protección total del disco cuando éste se encuentre en reposo, y cuando se encuentre trabajando, sólo debe dejar al descubierto la parte del disco necesaria para realizar el corte.
- Aunque el disco permanece protegido en reposo por la pantalla descrita anteriormente, el órgano de accionamiento del disco tiene que ser de pulsación continua. De esta manera, se garantiza que el disco no gire en vacío cuando se encuentra en reposo.
- Revisar el estado de la máquina para su correcto funcionamiento y, sobre todo, el sistema de sujeción, para evitar la posible salida del disco.
- El muelle de sujeción trabajará a compresión y estará situado preferentemente en el interior de una vaina.

- Cuando se realice el tronzado de piezas con tope, éste será abatible o desplazable. El operario, cuando haya seleccionado la línea de corte y fijado sólidamente la pieza a la mesa, retirará el tope, para evitar el encuñamiento de la pieza cortada entre éste y el disco.

Equipos de Protección Individual

- Gafas de protección, para evitar que las proyecciones del material lleguen a los ojos, además del líquido refrigerante (taladrina).
- Botas de seguridad, ya que se trabaja con materiales que pueden caer al suelo y producir heridas.
- Guantes de protección, destinados a evitar cortes con las piezas cortadas, además de evitar el contacto directo con la taladrina.

Cortadora de mesa

Medidas preventivas

- La máquina tiene que tener una carcasa protectora del disco, además de resguardos adecuados en todos los órganos móviles (poleas, parte inferior del disco, etc.).
- Se deberán usar las gafas con lentes de seguridad u otros medios (pantalla en la propia máquina), que impidan la proyección de partículas a los ojos. La máquina puede lanzar residuos a los ojos durante su operación, que pueden causar un daño severo y permanente en los ojos.
- Asegurar que el disco no hace contacto con la placa delantera, la guía o el resguardo.
- Retirar el disco cuando no corte con facilidad.
- No colocar las manos frente al disco.
- No limpiar nunca los restos de material con la máquina funcionando.
- Estar atento en todo momento al trabajo que se está realizando.
- Cada cierto tiempo y antes de comenzar a utilizar la máquina, comprobar que se encuentra en perfecto estado y que no tiene ninguna pieza dañada.
- Mantener la máquina limpia y en buen estado.
- No retirar nunca los protectores de la máquina.
- No dejar, en ningún momento, la máquina desatendida cuando se encuentre en funcionamiento.

- Usar protección para los oídos. El algodón simple no es un dispositivo protector aceptable, así que debe utilizarse un equipo de protección acorde con esta tarea.
- La cortadora de mesa deberá estar equipada con aspiradores de polvo. En su defecto, se utilizarán mascarillas con el filtro adecuado al tipo de polvo.
- Los interruptores de corriente estarán colocados de manera que, para encender o apagar el motor, el operario no tenga que pasar el brazo sobre el disco.
- La máquina estará colocada en zonas que no sean de paso, además, estará ventilada.
- Mantener limpia el área de trabajo, bien iluminada y organizada. Es muy peligroso trabajar en lugares con superficies o pisos resbaladizos por desechos, grasa o cera.
- Desenchufar la máquina de la toma de corriente eléctrica mientras se están realizando ajustes, cambiando piezas o llevando a cabo el mantenimiento.
- No usar la cortadora de mesa en ambientes peligrosos como, por ejemplo, cuando llueva o en ambientes húmedos.
- No utilizar la máquina para trabajos para los que no está diseñada y, por supuesto, no forzarla.
- Utilizar en la máquina sólo los accesorios adecuados y recomendados.
- Usar ropa apropiada, no holgada. No usar guantes, corbatas o artículos de joyería.
- No usar la máquina en presencia de líquidos inflamables o gases.

Equipos de Protección Individual

- Guantes de cuero.
- Mascarilla antipolvo.
- Gafas o pantallas de protección, con cristales transparentes.
- Protector auditivo.

Radial

Medidas preventivas

- No se debe sobrepasar la velocidad máxima de trabajo admisible o velocidad máxima de seguridad.

- Las máquinas tienen que disponer de un dispositivo de seguridad, para evitar la puesta en marcha inesperada.
- Asegurar la correcta aspiración de polvo. En el mercado hay radiales con un sistema incorporado de extracción.
- Prohibir la utilización de la máquina sin el protector adecuado.
- Prohibir el uso de la máquina cuando la separación entre el diámetro interior del protector y el diámetro exterior del disco sea superior a 25mm.
- Parar con cuidado la máquina inmediatamente después de cada fase de trabajo.
- Alertar al responsable del trabajo sobre cualquier anomalía detectada en la máquina y retirar de servicio, de modo inmediato, cualquier radial que tenga el disco deteriorado o cuando se perciban vibraciones anormales funcionando a plena velocidad.
- Evitar los cuerpos extraños presentes entre el disco y el protector.
- No trabajar con ropa holgada o deshilachada.

Equipos de Protección Individual

- Gafas de seguridad con montura cerrada o pantalla protectora.
- Guantes de seguridad contra cortes y abrasión.
- Mandil especial de cuero grueso contra el contacto fortuito del disco con el cuerpo, cuando sea necesario adoptar posturas peligrosas.

Guillotina

Medidas preventivas

- Cerramiento trasero y lateral, para evitar el atrapamiento de un operario ajeno al proceso productivo. Las protecciones laterales podrán ser abatibles para facilitar, en caso necesario, el cambio de cuchilla. La zona posterior puede estar provista de una puerta, para el acceso del operario encargado de los reglajes y las labores de mantenimiento. Estas protecciones deben disponer de dispositivo de enclavamiento.
- Eliminación de las barras como órgano de accionamiento, ya que se trata de un tipo de accionamiento peligroso. Pueden originar inoportunos arranques, debidos a la caída de un elemento o por un tercer operario ajeno al proceso productivo que la accione por equivocación. Estas barras tienen que eliminarse, ya que pueden ser accio-

nadas desde cualquier punto de la zona frontal, y no en un punto específico controlado por el operario.

- Si se utiliza un sistema de pedales para el accionamiento, estos deben estar protegidos contra accionamientos imprevistos, además de disponer de una parada de emergencia fácil y accesible para el trabajador.
- Si en la máquina coexisten dos o más sistemas de accionamiento, debería existir un selector de modos de trabajo con consignación.
- Protección frontal, que impida el acceso a los pisones y la cuchilla, dejando sólo espacio para la chapa.
- Los sistemas de protección procurarán la inaccesibilidad delantera, lateral y trasera al punto de operación durante el recorrido de cierre.
- Los sistemas de protección tienen que impedir las lesiones en las manos o cuerpo del operario.
- Para impedir el acceso al lugar de trabajo de la máquina, se debe utilizar el sistema "Protección por resguardos fijos". Si por razones técnicas del proceso de fabricación, no puede utilizarse este sistema de protección, se emplearán otros sistemas, siempre que su grado de protección cumpla con las condiciones de seguridad exigidas para eliminar el riesgo.
- El Sistema de Protección por Resguardo Fijo evitará que las manos puedan entrar más allá de la línea de peligro, y poseerá una protección frontal situada delante de los pisones y una protección trasera mediante un resguardo fijo.

En cuanto al diseño, construcción, aplicación y montaje, las condiciones generales que tienen que cumplir los sistemas de protección son los siguientes:

- Robustez, rigidez y resistencia adecuada a su función.
- No crearán nuevos riesgos.
- Sus partes esenciales no se podrán manipular ni retirar si no es con útiles especiales.
- No introducirán incomodidades ni esfuerzos excesivos.
- Permitirán una buena visibilidad del punto de operación.

Equipos de Protección Individual

- Botas de seguridad, debido a que se trabaja con piezas metálicas y pueden producirse caídas de las mismas durante su manipulación.
- Guantes, debido a que se pueden producir cortes durante la manipulación de las piezas a curvar.
- Gafas de protección y protectores auditivos.

Pulidora

Medidas preventivas

- Tener cuidado con los resbalones.
- Sujetar la máquina con seguridad.
- Trabajar con pulidoras conformes con la legislación europea (marcado CE).
- Comprobar que los dispositivos de protección son eficaces.
- Formar al operario para su utilización.
- Seguir las instrucciones del fabricante.
- Mantener las zonas de trabajo limpias y ordenadas.
- Limpiar los posibles derrames de aceite o combustible que puedan existir, antes de iniciar los trabajos.
- Evitar la presencia de cables eléctricos en las zonas de paso.
- Las reparaciones las deben realizar personal autorizado.
- La conexión o suministro eléctrico se tiene que realizar con manguera antihumedad.
- Realizar las operaciones de limpieza y mantenimiento con la máquina desconectada de la red eléctrica.
- Escoger siempre el disco adecuado para el elemento a pulir.
- Sustituir inmediatamente los discos gastados.
- Desconectar el equipo de la red eléctrica cuando no se utilice.
- Realizar mantenimientos periódicos de los equipos.
- Realizar el cambio del accesorio con el equipo parado.
- Comprobar que los accesorios están en perfecto estado antes de su colocación.
- Escoger el accesorio más adecuado para cada aplicación.

Equipos de Protección Individual

- Protector auditivo.

- Gafas de protección.
- Mascarilla de protección.
- Guantes.
- Calzado adecuado.
- Ropa adecuada.

Martillo neumático

Medidas preventivas

- Para manejar el martillo, hay que tener en cuenta que éste debe ser agarrado con las dos manos a una altura entre la cintura y el pecho, adoptando una postura de equilibrio, con ambos pies alejados de la máquina.
- Los esfuerzos siempre se realizarán en el sentido del eje del martillo, nunca esfuerzos de palanca con el martillo en marcha.
- El martillo tiene que ser el adecuado al trabajo a realizar (picar, perforar o demoler) y al material sobre el que se va a trabajar.
- Nunca se debe hacer funcionar el martillo en vacío.
- No hay que levantar el martillo del punto de trabajo hasta que se detenga la máquina.
- No dejar el martillo hincado en el suelo, pared o roca.
- No abandonar el martillo con la manguera cargada con aire a presión.
- El martillo debe ser manejado sin tensar la manguera o conducción y sin dar tirones bruscos a la misma.
- No doblar las mangueras para cortar el aire.
- No tocar la herramienta cuando se esté trabajando con ella ni inmediatamente después.
- Comprobar cada cierto tiempo que el depósito de lubricante del martillo está lleno.
- Trabajar con el martillo estableciendo periodos de descanso.
- No se debe apoyar el martillo sobre partes del cuerpo que no sean las manos, ya que así se reducirá la transmisión de vibraciones.
- Cuando se trabaje en ambientes fríos, es recomendable el uso de guantes para reducir el efecto de las vibraciones.
- Ante el riesgo de proyección de fragmentos de material sobre el operario del martillo neumático, deben disponerse pantallas protectoras.
- Mantener a cualquier persona alejada del radio de acción del martillo.

- Asegurarse de que el conductor eléctrico o la manguera neumática y sus conexiones se encuentran en óptimas condiciones.
- El dispositivo portaherramientas tiene que funcionar correctamente.
- Comprobar que la presión de trabajo y el caudal de aire son compatibles con las especificaciones técnicas del martillo neumático, antes de conectar el martillo al compresor.
- Antes de accionar el martillo, verificar que la herramienta se encuentra correctamente fijada en el dispositivo portaherramientas. Además, tiene que estar limpia, engrasada y afilada.
- Guardar el martillo y la manguera en un lugar limpio, seco y protegido de las inclemencias del tiempo y del uso de personas no autorizadas.

Equipos de Protección Individual

- Gafas de seguridad.
- Auriculares o tapones.
- Mascarilla autofiltrante.
- Guantes anticortes.
- Casco de seguridad.

Sierra circular

Medidas preventivas

- Para evitar cortes o amputaciones, se deben cumplir las siguientes medidas preventivas:

  - El disco se protegerá con resguardos pivotantes, que reduzcan al mínimo la zona de corte.
  - Proteger la parte inferior de la sierra circular mediante una envolvente sobre la hoja.

- Para proteger al operario de golpes por rechazos del material, al pinzar éste en el disco, se instalará un cuchillo divisor que actúe como cuña e impida a la madera cerrarse sobre el disco. Las condiciones que cumplirá son:

  - El espesor del cuchillo divisor será el que resulte de la semisuma de los espesores de la hoja y del trazo de serrado (anchura dentado).

  - La distancia desde el cuchillo divisor al disco no debe exceder de 10 mm.
  - La altura sobre la mesa del cuchillo divisor será inferior en 5 mm., aproximadamente, a la del disco.
  - El montaje del cuchillo permitirá regular su posición respecto del disco, bien por usarse sierras de distinto diámetro, bien por ser regulable la altura de éstas.

- Antes de iniciar el aserrado, se comprobará que no existan clavos o partes metálicas hincadas en la madera que se vaya a cortar.
- Antes de iniciar el trabajo, se comprobará que la hoja está en perfecto estado, sin muescas y bien afilada.
- Es conveniente el uso de gafas para la protección ante proyecciones del material.
- Para evitar atrapamientos, todas las transmisiones por correas colocadas a menos de 2,50 m. sobre el suelo o plataformas de trabajo, deben estar guardadas mediante una cubierta rígida, con resistencia suficiente para retener la correa en caso de rotura.
- Para evitar el riesgo de electrocución, se deberán cumplir las siguientes medidas preventivas:

  - Antes de poner la máquina en servicio, se comprobará que está conectada a la puesta a tierra, asociada a un interruptor diferencial de 300mA.
  - La alimentación eléctrica se realizará mediante conductores con un índice de protección adecuado para resistir la humedad. Las clavijas serán estancas.

- Uso de la carcasa protectora sobre el disco.
- Adecuación del disco a cada trabajo, en cuanto a su diámetro y material de la composición, siempre según las recomendaciones del fabricante.
- Protección de las correas de transmisión.
- Protección de las partes salientes y giratorias.
- El interruptor de la máquina deberá estar separado de las correas de transmisión.

- En el caso de usar la sierra para el corte de material cerámico, dispondrá de un sistema de humidificación, para evitar la formación de polvo.
- El cuadro eléctrico, los cables de alimentación y la puesta a tierra cumplirán con lo especificado anteriormente.
- Se situará en un lugar en el que no pueda existir riesgo de caída de materiales, debido a que se efectúen otros trabajos a niveles superiores.
- Se utilizará de manera que el operario esté de espaldas al viento dominante.
- Para cortar piezas pequeñas, se usarán empujadores.
- Observar frecuentemente el desgaste del disco, para sustituirlo en el momento adecuado.

Equipos de Protección Individual

- Mascarillas con filtro mecánico, cuando la máquina se ubique en un lugar sin ventilación.
- Gafas de protección contra impactos.
- Quedará prohibido el uso de guantes.

Taladradora

Medidas preventivas

- Utilizar taladros con marcado CE prioritariamente, o adaptados al RD 1215/1997.
- Seguir las instrucciones del fabricante.
- Utilizar la broca adecuada al material, pues de lo contrario no se realizará bien el trabajo y pueden darse accidentes.
- Utilizar brocas bien afiladas.
- Evitar entrar en contacto con el accesorio de giro en rotación.
- Sujetar perfectamente el taladro cuando se vaya a trabajar con él, siempre en una posición de equilibrio estable, colocando de forma correcta los pies.
- No forzar mucho la máquina. Durante la operación de taladrado, la presión ejercida sobre la herramienta debe ser la adecuada, para conservar la velocidad de carga tan constante como sea posible,

evitando presiones excesivas que propicien el bloqueo de la broca y su rotura.

- Apagar y/o desenchufar la máquina cuando se va a cambiar la broca, en operaciones de limpieza y mantenimiento, y cuando no vaya a ser utilizada.
- Asegurarse de que la broca cambiada se ha colocado perfectamente.
- Formar al operario en el conocimiento del funcionamiento y los controles de la máquina. Además, tiene que saber cómo se detiene la operación.
- Las reparaciones de la máquina tienen que ser realizadas por personal adecuado.
- No acercar la máquina a las fuentes de humedad ni a las de calor.
- La conexión o suministro eléctrico se tiene que realizar con manguera antihumedad.
- Mantener limpio y ordenado el lugar de trabajo.
- La máquina debe disponer de empuñadura auxiliar, para una mejor sujeción, y de interruptor con freno de inercia, para que, al dejar de apretar, se pare de manera automática.

Equipos de Protección Individual

- Gafas o caretas de protección.
- Calzado de seguridad.
- No utilizar ropa holgada o muy suelta.
- No utilizar guantes.

Lijadora

Medidas preventivas

- La máquina sólo debe ser utilizada para las funciones para las que está indicada.
- Existencia de una carcasa envolvente, la cual nunca puede ser anulada por parte del operario.
- Deberá poseer apoya herramientas, para facilitar el trabajo al operario y reducir el riesgo de contacto con la herramienta.
- Las poleas de transmisión deben estar provistas de protección.

- La lijadora suele tener un interruptor general y único botón de parada y accionamiento, este interruptor tiene que estar protegido contra el arranque automático.
- El operario siempre tiene que estar atento al trabajo que está realizando.

Equipos de Protección Individual

- Gafas de protección, contra la proyección de partículas a la zona ocular.
- Guantes, para protegerse de contactos fortuitos con la herramienta de trabajo y de quemaduras, debidas a que la operación de lijado calienta las piezas, y para evitar el contacto directo del operario con el líquido refrigerante (taladrina).

5.4. Medidas preventivas ante la exposición a las vibraciones

Verificación en la compra o recepción del equipo y previas a su utilización

Debe disponer de manual de instrucciones en castellano y/o en otra lengua oficial en la zona de utilización. Las instrucciones y la documentación que acompañen al equipo deben leerse con atención y ser archivadas en un lugar apropiado, que permita su consulta posterior.

La máquina debe disponer de marcado con las siglas CE, grabado sobre el equipo o impreso en una placa de características adherida sobre el mismo, de forma que sea legible. Este marcado garantiza el cumplimiento de las normas y disposiciones de seguridad en vigor.

Del mismo modo, la documentación o las instrucciones del equipo irán acompañadas por la declaración CE de conformidad, que es complementaria al marcado mencionado.

Utilizar la máquina un tiempo factible

Según los valores límite de la máquina, será recomendable utilizar ésta más o menos tiempo. Un equipo con una aceleración superior a los valores límite, debe ser manejado durante menos tiempo, de forma que la energía transmitida al cuerpo sea menor o equivalente al valor límite para ocho horas. Cuando se utilizan varias máquinas con transmisión de vibraciones, es necesario considerar su efecto total.

Disminuir el tiempo diario de exposición

Para ello, se tienen que dar acciones como la organización del trabajo, el establecimiento de pausas en el trabajo, la rotación de puestos o la modificación de la secuencia de montaje.

Disminuir la intensidad

Entre las distintas acciones técnicas, hay que destacar la disminución de la intensidad de vibración que se transmite al cuerpo humano. Ésta se puede conseguir de las siguientes formas:

- **Disminuyendo la vibración en su origen.** Normalmente, es el fabricante de las herramientas o el instalador de un equipo el responsable de conseguir una intensidad de vibración tolerable, además de un diseño ergonómico de los asientos y empuñaduras. En algunas circunstancias, es posible modificar una máquina para reducir su nivel de vibración, cambiando la posición de las masas móviles, modificando los puntos de anclaje o las uniones entre los elementos móviles.
- **Evitando su transmisión al cuerpo aislando las vibraciones.** Se utilizan aislantes, como muelles o elementos elásticos en los apoyos de las máquinas, plataformas aisladas del suelo, masas de inercia, asientos montados sobre soportes elásticos, manguitos absorbentes de vibración en las empuñaduras de las herramientas, etc. Aunque se tratan de acciones que, aunque no disminuyen la vibración original, impiden que pueda transmitirse al cuerpo, con lo que se evitan riesgos dañinos para la salud.
- **Utilizando equipos de protección individual.** Guantes, cinturones, botas, etc., pueden ayudar a aislar la transmisión de vibraciones. A la hora de seleccionar estos equipos, habrá que tener en cuenta su eficacia frente al riesgo, explicar a los trabajadores que los utilicen de forma correcta y establecer un programa de mantenimiento y sustitución.

Otras medidas de prevención

Es recomendable realizar un reconocimiento médico específico anual, para llegar a conocer cómo afectan las vibraciones a los distintos operarios y, de esta manera, poder actuar en los casos de mayor susceptibilidad. Además, hay que informar a los trabajadores sobre los niveles de vibración a los que están expuestos y sobre las medidas de protección disponibles. También es recomendable mostrar a los trabajadores cómo pueden optimizar su esfuerzo muscular y cuál es la postura óptima para realizar su trabajo.

5.5. Medidas preventivas ante las altas temperaturas

- Proporcionar ayuda mecánica, cuando sea posible, para reducir el esfuerzo físico.

- **Controlar la duración de la exposición a ambientes calurosos.**

  - Determinar ciclos adecuados de trabajo-descanso. Los periodos de descanso deben ser cortos y frecuentes. Disponer de áreas frescas, con sombra y buena ventilación para los periodos de descanso.
  - Organizar actividades, de forma que los trabajos más pesados se lleven a cabo en las horas más frescas del día.

- **Aclimatar a los trabajadores para el desarrollo de actividades a temperaturas elevada**s. Este proceso permite que el cuerpo modifique sus propias funciones, para soportar mejor el calor y para permitir el exceso de manera más eficiente. En la mayoría de la gente, la aclimatación tiene lugar entre 4 y 14 días, y puede conseguirse incrementando paulatinamente la duración de la exposición hasta alcanzar, en su caso, la totalidad de la jornada laboral.

- **Proporcionar entrenamiento a los trabajadores**, especialmente a los nuevos, acerca de:

  - Los riesgos asociados a los trabajos en ambientes calurosos.
  - Cómo detectar los síntomas de trastornos relacionados con el calor.

- Las prácticas de trabajo seguras (no trabajar aisladamente).
- Cómo actuar ante una emergencia.

- **Proporcionar agua fresca para evitar la deshidratación.**

  - El trabajo en ambientes térmicamente agresivos produce sudoración abundante, cuya evaporación ayuda a refrigerar el organismo, pero el agua perdida debe reemplazarse para que no se produzca deshidratación.
  - Es necesario que los trabajadores dispongan de agua fresca, para beber con frecuencia pequeñas cantidades (200-250ml cada 15-20 minutos), durante y después del trabajo. No hay que esperar a tener sed para beber.

- **Ropa de trabajo**. Procurar que los trabajadores lleven ropa suelta, de tejidos frescos que transpiren y colores claros. El uso de equipos de protección frente al calor para situaciones de inspección o mantenimiento en ambientes de calor intenso, debe hacerse con supervisión de un experto. El uso de ropa protectora de las vías respiratorias debido a otros riesgos como el amianto, puede aumentar el riesgo por el calor.

- **Vigilancia de la salud.** Después de poner en práctica todas las medidas de control posibles, es necesario vigilar la salud de los trabajadores expuestos a calor excesivo. Esto será imprescindible en los casos de exposiciones próximas a los límites máximos admitidos. Es conveniente realizar un reconocimiento médico previo y exhaustivo para las personas que se sometan a tales situaciones, que se repetirá periódicamente para garantizar que la amplitud inicial se mantiene en el tiempo.

5.6. Medidas preventivas ante riesgos sonoros

El control del ruido es un problema complejo que hay que abordar en su conjunto, para analizar sus componentes y manipular sobre ellos, de tal modo que permita obtener el máximo aprovechamiento con el mínimo coste de inversión y funcionamiento.

Generalmente, la solución óptima es una combinación de varias medidas.

En principio, se pueden clasificar las acciones de control en:

- **Acciones técnicas,** que tienen como fin disminuir el nivel sonoro por debajo de aquel que presente el efecto a eliminar.
- **Acciones administrativas,** son las que tienden a disminuir el riesgo, pero no a modificar el nivel sonoro existente.

El conjunto o sistema en el que se plantea un problema de ruido tiene tres posibles grupos de actuaciones:

- Sobre la fuente.
- Sobre el medio transmisor.
- Sobre el receptor.

Es necesario un profundo análisis de cada tipo de actuación para alcanzar la solución apropiada. El origen o fuente sonora es aquella parte del sistema donde se genera el ruido. La energía sonora generada se transmite hacia el receptor, siguiendo mecanismos muy variados a través del aire y de las estructuras sólidas. Cada uno de los posibles caminos tiene unas características propias de atenuación de energía y facilidad para transportarla, del mismo modo que, en el caso de las fuentes sonoras, es importante determinar los mecanismos sobre los que se puede actuar para disminuir significativamente el nivel de ruido.

En una actuación sobre el medio, se deben considerar todos los mecanismos de transmisión entre la fuente y el receptor para, de esta forma, actuar correctamente.

El estudio de las actuaciones sobre el receptor será el último escalón, ya que el tratamiento del problema está en función de lo que se pretenda alcanzar en el receptor para el diseño del sistema de control (es diferente la molestia ocasionada en un despacho de control a la que sufre un operador de remachadora).

Durante el análisis inicial del problema sonoro, se considera que se deben seguir los siguientes pasos para alcanzar una información mínima necesaria y adoptar las medidas correctoras más adecuadas:

- Examinar la fuente emisora del ruido.
- Seleccionar el equipo de medida adecuado y que cumpla las normas establecidas.
- Determinar el nivel de ruido y el tiempo de exposición en las condiciones existentes y en las esperadas.
- Definir lo mejor posible el sistema, fuente, trayectoria y receptor, analizándolos separadamente.
- Analizar la posibilidad de reducir el ruido en cada uno de los escalones.
- Evaluar técnica y económicamente cada uno de los procedimientos.
- Seleccionar el procedimiento o conjunto de ellos para alcanzar la optimización del sistema.

La solución más efectiva para la reducción del ruido es la de atajarlo en el punto de origen. Esta medida en muchos casos es imposible, en otros, la falta de sensibilización sobre los efectos del ruido impide que se adopten las medidas oportunas. Para reducir el ruido en la fuente, se pueden aplicar las siguientes acciones:

Proyección y ejecución de instalaciones correctas

Se deben recopilar los datos necesarios que existen en la zona y sobre los máximos admisibles, a fin de fijar cuáles son los requerimientos mínimos que deben cumplir los equipos a instalar. Igualmente, se deben prever los posibles emplazamientos o aislamientos de las máquinas que no puedan cumplir los requerimientos mínimos.

Durante esta fase de trabajo, se debe tener muy presente que el objetivo es alcanzar un nivel sonoro determinado por las normativas de aplicación, en función del riesgo o situación de confort que se pretenda lograr.

Sustitución de la maquinaria o proceso

La instalación inicial, seguramente, se realizó con equipos industriales de la época de su construcción, los cuales son más ruidosos que los actuales, pudiendo sustituirse por otros con menor emisión sonora. Este cambio se puede producir en una determinada máquina de la instalación o en toda la instalación.

Mantenimiento

Una fuente sonora con deficiencias de mantenimiento puede alcanzar importancia singular en la emisión de ruido. En consecuencia, se ha de estudiar un programa de mantenimiento preventivo y realizar el de emergencia de forma efectiva y completa.

Reducción del ruido durante su transmisión

En la transmisión del ruido desde el punto de generación hasta el receptor, se presentan una serie de fenómenos que se pueden utilizar para reducir su intensidad hasta los niveles que no representen molestias para el receptor.

Como consecuencia de que los ruidos se producen y afectan a las personas normalmente situadas en el interior de locales, el estudio de la transmisión debe tener en cuenta los fenómenos de:

Transmisión de las ondas directamente desde la fuente al receptor.

Transmisión de las ondas a través de la estructura del edificio, desde donde se producen nuevas ondas aéreas que inciden directamente sobre el receptor, transformándose en el caso anterior.

Transmisión indirecta de las ondas que, una vez generadas y antes de llegar al receptor, chocan una o varias veces con las superficies que cierran el local y otras superficies.

6. Resumen

Al abordar la carga física, se identifican las consecuencias perjudiciales del trabajo físico que con más frecuencia se dan en los trabajadores, la generación de esas patologías, su evaluación y las medidas preventivas que deberían tomarse para evitar que se den ese tipo de consecuencias. También se trata la fatiga muscular, las lesiones en la extremidad superior y las lumbalgias. En general, las causas que están implicadas en la aparición de estos tipos de consecuencias son bastante similares, así como también las medidas preventivas necesarias para evitarlas. Las exigencias físicas en el trabajo determinan la carga física objetiva de trabajo y la carga física que el trabajo representa para el individuo. Pueden ser entendidas como manipulación manual, esfuerzos físicos, posturas forzadas y microtraumatismos repetitivos. Su evaluación y conocimiento es comprensible desde aproximaciones biomecánicas, desde las cargas de esfuerzo o cantidad de trabajo y desde un enfoque psicofísico.

Las medidas correctoras están destinadas a prevenir los riesgos que se puedan producir en el transporte y desplazamiento de cargas, manipulación e izado de cargas, trabajos en altura, obras civiles, trabajos mecánicos, eléctricos y químicos, y en el manejo de herramientas. También se contempla la prevención de riesgos climatológicos, sonoros y riesgos por vibraciones.

Otra importante medida de seguridad es la señalización (prohibición, precaución, información) de las zonas de trabajo susceptibles de sufrir accidentes laborales.

Ejercicios de repaso y autoevaluación

1. **¿A través de qué Real Decreto se establecen las Disposiciones Mínimas de Seguridad y Salud relativas a la manipulación manual de cargas que entrañen riesgos, en particular dorsolumbares para los trabajadores?**

    a. Real Decreto 487/1997, de 14 de abril.
    b. Real Decreto 487/1996, de 14 de abril.
    c. Real Decreto 487/1995, de 14 de abril.
    d. Real Decreto 487/1998, de 14 de abril.

2. **La fatiga se define como:**

    a. La consecuencia de una carga de trabajo excesiva.
    b. El conjunto de requerimientos físicos a los que se ve sometida la persona a lo largo de su jornada laboral.
    c. La realización de una serie de esfuerzos.
    d. El consumo de energía producido como consecuencia del trabajo.

3. **Una contracción muscular, si supera un tanto por ciento de la CVM, el flujo sanguíneo llega a anularse. ¿Cuál es ese tanto por ciento?**

    a. 40%
    b. 50%
    c. 60%
    d. 70%

4. **¿Qué tipo de elevador está constituido por una plataforma que se desliza por una guía lateral rígida o por dos guías rígidas paralelas, en ambos casos, ancladas a la estructura de la construcción?**

    a. Montacargas.
    b. Ascensores.
    c. Plataformas elevadoras.
    d. Grúas.

5. Una carretilla elevadora, bajo cuyo bastidor y brazos portantes se sitúa la carga, que el sistema de elevación mantiene y manipula para elevarla, desplazarla y apilarla, se denomina:

a. Voladizo.
b. Carretilla no contrapesada.
c. Carretilla pórtico elevadora apiladora.
d. Ninguna respuesta es correcta.

6. El componente principal de una carretilla elevadora es:

a. Bastidor.
b. Contrapeso.
c. Mástil de elevación o brazo telescópico.
d. Todas las respuestas anteriores son correctas.

7. Complete los huecos:

Atrapamientos por o entre objetos:

Son los ATRAPAMIENT que sufre el operador con los elementos móviles y partes MOVILES de las máquinas. Estos se producen en las transmisiones y partes móviles de las máquinas carentes de PROTECCION También es común este riesgo en aquellas operaciones de MANTE y partes móviles de las máquinas carentes de protección, y en las operaciones de mantenimiento y cambio de UTILES en la máquina.

8. ¿Cuál de las siguientes opciones no se corresponde con un riesgo en el montaje de una estructura metálica?

a. Golpes y/o cortes en manos y piernas por objetos y/o herramientas.
b. Vuelco de la estructura.
c. Quemaduras.
d. Todas las anteriores son correctas.

9. Una contracción involuntaria de los músculos que impide separarse del punto de contacto, se asocia con:

a. Asfixia.
b. Fibrilación ventricular.
c. Tetanización.
d. Interrupción respiratoria.

10. Si una persona, al cabo de un minuto en contacto con una intensidad, sufre contracción muscular, dificultad de respiración y aumento de la presión arterial, ¿cuál es la intensidad de contacto?

a. 5–15
b. 15–25
c. 25–40
d. 40–55

11. Se entiende que hay un riesgo laboral cuando la salud de los trabajadores puede verse dañada por la toxicidad de ciertos elementos del ambiente.

a. Verdadero.
b. Falso.

12. El ácido sulfúrico es una sustancia…

a. ... narcótica.
b. ... irritante.
c. ... asfixiante.
d. ... cancerígena.

13. Señale cuál de las siguientes opciones es un riesgo de la tronzadora:

a. Contacto con el disco de corte.
b. Dermatitis.
c. Caídas al mismo nivel.
d. Las opciones a y b son correctas.

14. Las pasarelas perpendiculares a la pendiente de la cubierta, deben instalarse a lo largo de las líneas de fijaciones, cuando la pendiente es inferior al…

a. ... 50%
b. ... 40%
c. ... 20%
d. ... 15%

15. La higiene industrial es una técnica específica de prevención sobre el riesgo mecánico.

a. Verdadero.
b. Falso.

16. La taladrina es un líquido refrigerante.

a. Verdadero.
b. Falso.

17. Complete los huecos:

Una medida preventiva sería:

Alertar al ______________ del trabajo sobre cualquier ______________detectada en la máquina y retirar de servicio, de modo inmediato, cualquier radial que tenga el ____________ deteriorado o cuando se perciban _______________ anormales funcionando a plena velocidad.

Capítulo 2

Normativa y protocolo

Contenido

1. Introducción

Para el transporte de los materiales necesarios para la instalación, el transportista y/o empresa transportadora deberán tener en cuenta la normativa aplicada al transporte de mercancías en general.

Para la descarga e izado de materiales, se debe tener en cuenta el convenio colectivo de la construcción, además de una normativa específica.

Por otra parte, también hay que tener presente la normativa de seguridad relacionada con la obra civil y la normativa sobre montaje mecánico e hidráulico de instalaciones solares.

Es muy importante seguir los protocolos de actuación en caso de emergencias surgidas durante el montaje de estas instalaciones. La persona que tenga conocimiento de un accidente o enfermedad, detecte la existencia de un incendio o reciba una amenaza de bomba por conducto telefónico, deberá dar aviso inmediato al Servicio de Seguridad o a la Conserjería, en caso de no encontrarse disponible el primero, informando del lugar y detalles del suceso, si estos se conocen.

Por último, también se debe tener un conocimiento en primeros auxilios, para actuar en caso de accidente en el montaje de las instalaciones solares.

2. Normativa sobre transporte, descarga e izado de material

2.1. Transporte de materiales

ORDEN FOM/3591/2008, de 27 de noviembre, por la que se aprueban las bases reguladoras de la concesión de ayudas para la formación en relación con el transporte por carretera (BOE 11-12).

ORDEN FOM/2185/2008, de 23 de julio, por la que se modifica la Orden FOM/734/2007, de 20 de marzo, en materia de autorizaciones de transporte de mercancías por carretera (BOE 25).

ORDEN FOM/2184/2008, de 23 de julio, por la que se modifica la Orden de 25 de abril de 1997, por la que se establecen las condiciones generales de contratación de los transportes de mercancías por carretera (BOE 25).

REAL DECRETO 1032/2007, de 20 de julio, por el que se regula la cualificación inicial y la formación continua de los conductores de determinados vehículos destinados al transporte por carretera (BOE 02-08).

REAL DECRETO 902/2007, de 6 de julio, por el que se modifica el Real Decreto 1561/1995, de 21 de septiembre, sobre jornadas especiales de trabajo, en lo relativo al tiempo de trabajo de trabajadores que realizan actividades móviles de transporte por carretera (BOE 18).

REAL DECRETO 640/2007, de 18 de mayo, por el que se establecen excepciones a la obligatoriedad de las normas sobre tiempos de conducción y descanso y el uso del tacógrafo en el transporte por carretera (BOE 26).

RESOLUCIÓN de 19 de abril de 2007, de la Dirección General de Transportes por Carretera, por la que se establecen los controles mínimos sobre las jornadas de trabajo de los conductores en el transporte por carretera (BOE 1-05).

ORDEN de 21 de julio de 2000, por la que se desarrolla el Reglamento de la Ley de ordenación de los transportes terrestres, en materia de agencias de transporte de mercancías, transitarios y almacenistas-distribuidores (BOE 3-8).

ORDEN de 18 de septiembre de 1998, por la que se dictan normas complementarias en materia de autorizaciones de transporte por carretera (Modificada por OM de 26-06-01, BOE 1-10).

ORDEN de 23 de julio de 1997, por la que se desarrolla el Reglamento de la Ley de ordenación de los transportes terrestres en materia de cooperativas de transportistas y sociedades de comercialización (Modificada por RD 1830/1999, 3-12, BOE 30).

RESOLUCIÓN de 9 de febrero de 1996, de la Dirección General del Transporte Terrestre, por la que se establecen reglas de coordinación en materia de tramitación de autorizaciones de transporte por carretera y de actividades auxiliares y complementarias del transporte (BOE 23).

RESOLUCIÓN de 19 de septiembre de 1995, de la Dirección General del Transporte Terrestre, sobre realización del visado de las autorizaciones de transporte y de actividades auxiliares y complementarias del transporte (BOE 2-10).

ORDEN de 30 de septiembre de 1993, por la que se establecen normas especiales para determinados transportes combinados de mercancías entre estados miembros de la CEE (BOE 14-10).

ORDEN de 3 de diciembre de 1992, por la que se determinan condiciones esenciales de las autorizaciones de transporte público de mercancías y de agencias de transportes, a efectos de lo dispuesto en el artículo 200 en relación con el 198, c) y 201.6, del Reglamento de ordenación de los transportes terrestres (BOE 18).

REAL DECRETO 635/1984, de 26 de marzo, sobre garantía de prestación de servicios mínimos en materia de transportes por carretera (BOE 2-4).

2.2. Descarga e izado de materiales

- RD 1215/1997, de 18 de julio. Disposiciones mínimas de Seguridad y Salud para la utilización por los trabajadores de los equipos de trabajo.
- RD 1435/1992, de 27 de noviembre. Máquinas.
- RD 56/1995, de 20 de enero, que modifica el anterior.

Capítulo VI: Equipos de trabajo y maquinaria de obra. Sección 1ª. Disposiciones generales

Artículo 218. Aparatos elevadores

A estos aparatos se les aplica el Real Decreto 1435/1992, de 27 de noviembre, modificado por el Real Decreto 56/1995, de 20 de enero, y les resulta exigible que dispongan del marcado CE, declaración CE de conformidad y manual de instrucciones.

Aquellos aparatos que, por su fecha de comercialización o de puesta en servicio por primera vez, no les sea de aplicación el marcado CE, deberán someterse a la puesta en conformidad de acuerdo con lo establecido en el Real Decreto 1215/1997, de 18 de julio, modificado por el Real Decreto 2177/2004, de 12 de noviembre.

Artículo 219.Condiciones generales de los aparatos elevadores

1. Los aparatos elevadores y los accesorios de izado, incluidos sus elementos constitutivos, de fijación, anclajes y soportes, deberán:

   - Ser de buen diseño y construcción, y tener una resistencia suficiente para el uso al que estén destinados.
   - Instalarse y utilizarse correctamente.
   - Mantenerse en buen estado de funcionamiento.
   - Ser manejados por trabajadores cualificados y autorizados, que hayan recibido una formación adecuada.

2. En los aparatos elevadores y en los accesorios de izado, se deberá colocar, de manera visible, la indicación del valor de su carga máxima que, en ningún caso, debe ser sobrepasada.
   Los aparatos elevadores, al igual que sus accesorios, no podrán utilizarse para fines distintos de los que estén previstos por el fabricante.

3. Durante la utilización de los aparatos elevadores, deberán tenerse en cuenta, entre otras, las siguientes medidas:

   - Controlar la estabilidad del terreno o de la base de apoyo de los aparatos de elevación.
   - Revisar el estado de los cables, cadenas y ganchos, y anular las eslingas de cables de acero que estén aplastadas, tengan hilos rotos, etc.
   - Conocer el operador la carga máxima admisible, no sólo de la maquinaria o equipo de elevación, sino también de los medios auxiliares que se hayan de emplear para el eslingado (cables, ganchos, etc.).

- Estudiar el recorrido que se debe realizar con la carga hasta su ubicación eventual o definitiva, a fin de evitar interferencias en dicho recorrido.
- La operación de carga y descarga, si es necesario, será supervisada por personal especializado.
- Si en la operación hubiese falta de visión del operador, será auxiliado por el correspondiente ayudante o señalista.
- Se comprobará el correcto eslingado o embragado de las piezas, para impedir desplazamientos no controlados y descuelgue de las cargas.
- Se ejecutarán con suavidad los movimientos de arranque, parada y cualquier otra maniobra.
- Está prohibido transportar personas con equipos de elevación de cargas.
- Se tendrá especial cuidado con los equipos de elevación dirigidos por radio, debido a las posibles interferencias con otras frecuencias.
- No dejar cargadas nunca las grúas en situación de descanso.
- No deben utilizarse en condiciones meteorológicas adversas que superen lo previsto por el fabricante.

4. Se prohíbe estacionarse o circular bajo las cargas suspendidas.

5. Los aparatos de elevación serán examinados y probados antes de su puesta en servicio. Ambos aspectos quedarán debidamente documentados.

6. Los ganchos de suspensión deberán contar con un dispositivo de seguridad que impida el desenganche o caída fortuita de las cargas suspendidas.
   Se extremarán las medidas de seguridad, poniendo especial cuidado para evitar que los aparatos de elevación puedan impactar con las líneas eléctricas aéreas próximas al lugar de trabajo o al camino recorrido por aquéllos en sus desplazamientos. Deberá mantenerse a la distancia mínima exigida por la normativa, para evitar los contactos eléctricos. Las mismas medidas se adoptarán respecto a las cargas suspendidas por dichos aparatos de elevación.

Artículo 220. Condiciones específicas de las grúas torre

1. Las grúas torre deberán cumplir lo especificado en el Real Decreto 836/2003, de 27 de junio, por el que se aprueba la ITC-MIE-AEM-2 del Reglamento de aparatos de elevación y manutención, referente a grúas torre para obras u otras aplicaciones.
2. No deben utilizarse las grúas para realizar tracciones oblicuas, arrancar cargas adheridas u operaciones extrañas a la función de las mismas.
3. No deben elevarse con la grúa cargas que superen la permitida e indicada por el fabricante.
4. Está prohibido balancear las cargas transportadas con las grúas para descargarlas más allá del alcance de las mismas.

Artículo 221. Condiciones específicas de las grúas móviles autopropulsadas

1. Las grúas móviles autopropulsadas deberán cumplir el Real Decreto 837/2003, de 27 de junio, por el que se aprueba la ITC lo especificado en MIE AEM 4 del reglamento de aparatos de elevación y manutención referente a grúas móviles autopropulsadas.
2. Las grúas móviles autopropulsadas deberán estacionarse en los lugares establecidos, adecuadamente niveladas, y con placas de apoyo para el reparto de los gatos estabilizadores.

Artículo 222. Condiciones específicas de los montacargas

Está prohibido subir o bajar personas en los montacargas. Tal prohibición debe estar convenientemente señalizada. Asimismo, estará indicada la carga máxima admisible de los mismos.

Las zonas de desembarco de los montacargas, en cada parada, estarán adecuadamente protegidas con elementos que mantengan el hueco cerrado mientras la plataforma no se encuentre enrasada en dicha parada. Estos elementos impedirán el desplazamiento de la plataforma si alguno de los mismos estuviera abierto.

En la parte inferior de la plataforma de los montacargas deberá instalarse un detector de obstáculos, conectado a un dispositivo que detenga el desplazamiento de la misma cuando desciende, a fin de evitar atrapamientos.

En la zona inferior, donde se asienta la base de la estructura del montacargas, debe establecerse una protección perimetral convenientemente señalizada.

Artículo 223. Condiciones específicas del cabestrante mecánico o maquinillo

Para la instalación y el uso del cabestrante mecánico o maquinillo, se atenderá a las instrucciones dadas por el fabricante.

El operador del cabestrante mecánico o maquinillo deberá utilizar un dispositivo anticaídas anclado a un punto fijo y resistente, distinto del propio cabestrante.

En la zona inferior de carga y descarga de los cabrestantes mecánicos o maquinillos, se establecerán zonas protegidas que impidan el acceso a las mismas, convenientemente señalizadas.

Durante las operaciones de transporte de cargas con los cabrestantes mecánicos o maquinillos, se vigilará que el trayecto de recorrido de dichas cargas esté libre de obstáculos.

3. Normativa de seguridad relacionada con la obra civil

- Ley 31/1995, de 8 de noviembre, de Prevención de Riesgos Laborales.
- Real Decreto 39/1997, de 17 de enero, por el que se aprueba el Reglamento de los Servicios de Prevención.
- Real Decreto 1627/1997, de 24 de octubre, por el que se establecen las Disposiciones Mínimas de Seguridad y Salud en las obras de construcción.
- Real Decreto 1215/1997, de 18 de julio, por el que se establecen las Disposiciones Mínimas de Seguridad y Salud para la utilización por los trabajadores de los equipos de trabajo.

4. Normativa sobre montaje mecánico e hidráulico de instalaciones solares

Artículo IV del RITE

Artículo 19. Generalidades

1. La ejecución de las instalaciones sujetas al RITE se realizará por empresas instaladoras autorizadas.
2. La ejecución de las instalaciones térmicas que requiera la realización de un proyecto, de acuerdo con el artículo 15, debe efectuarse bajo la dirección de un técnico titulado, competente en funciones de director de la instalación.
3. La ejecución de las instalaciones térmicas se llevará a cabo con sujeción al proyecto o memoria técnica, según corresponda, y se ajustará a la normativa vigente y a las normas de la buena práctica.
4. Las preinstalaciones, entendidas como instalaciones especificadas pero no montadas parcial o totalmente, deben ser ejecutadas de acuerdo al proyecto o memoria técnica que las diseñó y dimensionó.
5. Las modificaciones que se pudieran realizar al proyecto o memoria técnica, se autorizarán y documentarán por el instalador autorizado o el director de la instalación, cuando la participación de este último sea preceptiva, previa conformidad de la propiedad.
6. El instalador autorizado o el director de la instalación, cuando la participación de este último sea preceptiva, realizarán los controles relativos a:

- Control de la recepción en obra de equipos y materiales.
- Control de la ejecución de la instalación.
- Control de la instalación terminada.

Artículo 20. Recepción en obra de equipos y materiales

Generalidades

a. El control de recepción tiene por objeto comprobar que las características técnicas de los equipos y materiales suministrados satisfacen lo exigido en el proyecto o memoria técnica, mediante:

- Control de la documentación de los suministros.
- Control mediante distintivos de calidad, en los términos que establece el artículo 18.3 de este reglamento.
- Control mediante ensayos y pruebas.

b. En el pliego de condiciones técnicas del proyecto o en la memoria técnica, se indicarán las condiciones particulares de control para la recepción de los equipos y materiales de las instalaciones térmicas.

c. El instalador autorizado o el director de la instalación, cuando la participación de este último sea preceptiva, deben comprobar que los equipos y materiales recibidos:

- Corresponden a los especificados en el pliego de condiciones del proyecto o en la memoria técnica.
- Disponen de la documentación exigida.
- Cumplen con las propiedades exigidas en el proyecto o memoria técnica.
- Han sido sometidos a los ensayos y pruebas exigidos por la normativa en vigor, cuando así se establezca en el pliego de condiciones.

Control de la documentación de los suministros

El instalador autorizado o el director de la instalación, cuando la participación de este último sea preceptiva, verificarán la documentación proporcionada por los suministradores de los equipos y materiales, que entregarán los documentos de identificación exigidos por las disposiciones, de obligado cumplimiento, y por el proyecto o memoria técnica. En cualquier caso, esta documentación comprenderá, al menos, los siguientes documentos:

- Documentos de origen, hoja de suministro y etiquetado.
- Copia del certificado de garantía del fabricante, de acuerdo con la Ley 23/2003, de 10 de julio, de garantías en la venta de bienes de consumo.
- Documentos de conformidad o autorizaciones administrativas exigidas reglamentariamente, incluida la documentación corres-

pondiente al marcado CE, cuando sea pertinente, de acuerdo con las disposiciones que sean transposición de las directivas europeas que afecten a los productos suministrados.

Control de recepción mediante distintivos de calidad

El instalador autorizado y el director de la instalación, cuando la participación de este último sea preceptiva, verificarán que la documentación proporcionada por los suministradores sobre los distintivos de calidad que ostenten los equipos o materiales suministrados, que aseguren las características técnicas exigidas en el proyecto o memoria técnica, sea correcta y suficiente para la aceptación de los equipos y materiales amparados por ella.

Control de recepción mediante ensayos y pruebas

Para verificar el cumplimiento de las exigencias técnicas del RITE, puede ser necesario, en determinados casos y para aquellos materiales o equipos que no estén obligados al marcado CE correspondiente, realizar ensayos y pruebas sobre algunos productos, según lo establecido en la reglamentación vigente, o según lo especificado en el proyecto o memoria técnica u ordenado por el instalador autorizado o el director de la instalación, cuando la participación de este último sea preceptiva.

Artículo 21. Control de la ejecución de la instalación

1. El control de la ejecución de las instalaciones se realizará de acuerdo con las especificaciones técnicas del proyecto o memoria técnica y las modificaciones autorizadas por el instalador autorizado o el director de la instalación, cuando la participación de este último sea preceptiva.
2. Se comprobará que la ejecución de la obra se realiza de acuerdo con los controles establecidos en el pliego de condiciones técnicas.
3. Cualquier modificación o replanteo a la instalación que pudiera introducirse durante la ejecución de su obra, debe ser reflejada en la documentación de la obra.

Artículo 22. Control de la instalación terminada

1. En la instalación terminada, bien sobre la instalación en su conjunto o bien sobre sus diferentes partes, deben realizarse las comprobaciones y pruebas de servicio previstas en el proyecto o memoria técnica u ordenadas por el instalador autorizado o el director de la instalación, cuando la participación de este último sea preceptiva, las previstas en la IT 2 y las exigidas por la normativa vigente.
2. Las pruebas de la instalación se efectuarán por la empresa instaladora, que dispondrá de los medios humanos y materiales necesarios para efectuar las pruebas parciales y finales de la instalación, de acuerdo a los requisitos de la IT 2.
3. Todas las pruebas se efectuarán en presencia del instalador autorizado o del director de la instalación, cuando la participación de este último sea preceptiva, quien debe dar su conformidad tanto al procedimiento seguido como a los resultados obtenidos.
4. Los resultados de las distintas pruebas realizadas a cada uno de los equipos, aparatos o subsistemas, pasarán a formar parte de la documentación final de la instalación.
5. Cuando para extender el certificado de la instalación sea necesario disponer de energía para realizar pruebas, se solicitará a la empresa suministradora de energía un suministro provisional para pruebas, por el instalador autorizado o por el director de la instalación y bajo su responsabilidad.

Artículo 23. Certificado de la instalación

1. Una vez finalizada la instalación y realizadas las pruebas de puesta en servicio de la instalación que se especifican en la IT 2 con resultados satisfactorios, el instalador autorizado y el director de la instalación, cuando la participación de este último sea preceptiva, suscribirán el certificado de la instalación.
2. El certificado, según el modelo establecido por el órgano competente de la Comunidad Autónoma, tendrá, como mínimo, el contenido siguiente:

- Identificación y datos referentes a las principales características técnicas de la instalación realmente ejecutada.

- Identificación de la empresa instaladora, instalador autorizado con carné profesional y director de la instalación, cuando la participación de este último sea preceptiva.
- Los resultados de las pruebas de puesta en servicio, realizadas de acuerdo con la IT 2.
- Declaración expresa de que la instalación ha sido ejecutada de acuerdo con el proyecto o memoria técnica y de que cumple con los requisitos exigidos por el RITE.

4.1. Código técnico de la edificación

A la hora del montaje de una instalación de agua caliente sanitaria, se deben tener en cuenta las secciones HS 4 y HE 4, ambas por completo. A continuación, se indican algunos de los puntos más importantes de cada una de ellas.

Sección HS 4

Suministro de agua. Instalaciones de agua caliente sanitaria (ACS)

Distribución (impulsión y retorno)

1. En el diseño de las instalaciones de ACS, deben aplicarse condiciones análogas a las de las redes de agua fría.
2. En los edificios en los que sea de aplicación la contribución mínima de energía solar para la producción de agua caliente sanitaria, de acuerdo con la sección HE-4 del DB-HE, deben disponerse, además de las tomas de agua fría previstas para la conexión de la lavadora y el lavavajillas, sendas tomas de agua caliente, para permitir la instalación de equipos bitérmicos.
3. Tanto en instalaciones individuales como en instalaciones de producción centralizada, la red de distribución debe estar dotada de una red de retorno, cuando la longitud de la tubería de ida al punto de consumo más alejado sea igual o mayor de 15 m.
4. La red de retorno se compondrá de

   - Un colector de retorno en las distribuciones por grupos múltiples de columnas. El colector debe tener canalización con

pendiente descendente desde el extremo superior de las columnas de ida hasta la columna de retorno. Cada colector puede recoger todas o varias de las columnas de ida, que tengan igual presión.
- Columnas de retorno desde el extremo superior de las columnas de ida, o desde el colector de retorno, hasta el acumulador o calentador centralizado.

5. Las redes de retorno discurrirán paralelamente a las de impulsión.
6. En los montantes, debe realizarse el retorno desde su parte superior y por debajo de la última derivación particular. En la base de dichos montantes, se dispondrán válvulas de asiento para regular y equilibrar hidráulicamente el retorno.
7. Excepto en viviendas unifamiliares o en instalaciones pequeñas, se dispondrá una bomba de recirculación doble, de montaje paralelo o "gemelas", funcionando de forma análoga a como se especifica para las del grupo de presión de agua fría. En el caso de las instalaciones individuales, podrá estar incorporada al equipo de producción.
8. Para soportar adecuadamente los movimientos de dilatación por efectos térmicos, deben tomarse las precauciones siguientes:

   - En las distribuciones principales deben disponerse las tuberías y sus anclajes de tal modo que dilaten libremente, según lo establecido en el Reglamento de Instalaciones Térmicas en los Edificios y sus Instrucciones Técnicas Complementarias ITE para las redes de calefacción.
   - En los tramos rectos se considerará la dilatación lineal del material, previendo dilatadores si fuera necesario, cumpliéndose para cada tipo de tubo las distancias que se especifican en el Reglamento antes citado.

9. El aislamiento de las redes de tuberías, tanto en impulsión como en retorno, debe ajustarse a lo dispuesto en el Reglamento de Instalaciones Térmicas en los Edificios y sus Instrucciones Técnicas Complementarias ITE.

Regulación y control

1. En las instalaciones de ACS, se regulará y se controlará la temperatura de preparación y de distribución.
2. En las instalaciones individuales, los sistemas de regulación y de control de la temperatura estarán incorporados a los equipos de producción y preparación. El control sobre la recirculación en sistemas individuales con producción directa, será tal que pueda recircularse el agua sin consumo hasta que se alcance la temperatura adecuada.

Ejercicio práctico

Relacione los siguientes conceptos:

1. **Un colector de retorno.**
2. **Desde el extremo superior de las columnas de ida, o desde el colector de retorno, hasta el acumulador o calentador centralizado.**
3. **Columnas de retorno.**
4. **En las distribuciones por grupos múltiples de columnas.**

SOLUCIÓN

1-4
2-3

Sección HE 4

Contribución solar mínima de agua caliente sanitaria. Sistema de captación

Generalidades

1. El captador seleccionado deberá poseer la certificación emitida por el organismo competente en la materia, según lo regulado en el RD 891/1980, de 14 de Abril, sobre homologación de los captadores solares, y en la Orden de 28 de Julio

de 1980, por la que se aprueban las normas e instrucciones técnicas complementarias para la homologación de los captadores solares, o la certificación o condiciones que considere la reglamentación que lo sustituya.

2. Se recomienda que los captadores que integren la instalación sean del mismo modelo, tanto por criterios energéticos como por criterios constructivos.
3. En las instalaciones destinadas exclusivamente a la producción de agua caliente sanitaria mediante energía solar, se recomienda que los captadores tengan un coeficiente global de pérdidas, referido a la curva de rendimiento en función de la temperatura ambiente y temperatura de entrada, menor de 10 Wm2/° C, según los coeficientes definidos en la normativa en vigor.

Conexionado

1. Se debe prestar especial atención a la estanqueidad y durabilidad de las conexiones del captador.
2. Los captadores se dispondrán en filas constituidas, preferentemente, por el mismo número de elementos. Las filas de captadores se pueden conectar entre sí en paralelo, en serie o en serie-paralelo, debiéndose instalar válvulas de cierre en la entrada y salida de las distintas baterías de captadores y entre las bombas, de manera que puedan utilizarse para aislamiento de estos componentes en labores de mantenimiento, sustitución, etc. Además, se instalará una válvula de seguridad por fila, con el fin de proteger la instalación.
3. Dentro de cada fila, los captadores se conectarán en serie o en paralelo. El número de captadores que se pueden conectar en paralelo tendrá en cuenta las limitaciones del fabricante. En el caso de que la aplicación sea exclusivamente de ACS, se podrán conectar en serie hasta 10 m^2 en las zonas climáticas I y II, hasta 8 m^2 en la zona climática III y hasta 6 m^2 en las zonas climáticas IV y V.
4. La conexión entre captadores y entre filas se realizará de manera que el circuito resulte equilibrado hidráulicamente, recomendándose el retorno invertido frente a la instalación de válvulas de equilibrado.

Estructura soporte

1. Se aplicarán a la estructura soporte las exigencias del Código Técnico de la Edificación en cuanto a seguridad.
2. El cálculo y la construcción de la estructura y el sistema de fijación de captadores permitirá las necesarias dilataciones térmicas, sin transferir cargas que puedan afectar a la integridad de los captadores o al circuito hidráulico.
3. Los puntos de sujeción del captador serán suficientes en número, teniendo el área de apoyo y posición relativa adecuados, de forma que no se produzcan flexiones en el captador superiores a las permitidas por el fabricante.
4. Los topes de sujeción de captadores y la propia estructura no arrojarán sombra sobre los captadores.
5. En el caso de instalaciones integradas en cubierta que hagan las veces de la cubierta del edificio, la estructura y la estanqueidad entre captadores se ajustará a las exigencias indicadas en la parte correspondiente del Código Técnico de la Edificación y demás normativa de aplicación.

Sistema de acumulación solar

Generalidades

1. El sistema solar se debe concebir en función de la energía que aporta a lo largo del día, y no en función de la potencia del generador (captadores solares). Por tanto, se debe prever una acumulación acorde con la demanda, al no ser ésta simultánea con la generación.
2. Para la aplicación de ACS, el área total de los captadores tendrá un valor tal que se cumpla la condición: $50 < V / A < 180$, siendo A la suma de las áreas de los captadores [m^2], y V el volumen del depósito de acumulación solar [litros].
3. Preferentemente, el sistema de acumulación solar estará constituido por un solo depósito, será de configuración vertical y estará ubicado en zonas interiores. El volumen de acumulación podrá fraccionarse en dos o más depósitos que se conectarán, preferentemente, en serie invertida en el circuito de consumo o en paralelo, con los circuitos primarios y secundarios equilibrados.

4. Para instalaciones prefabricadas para la prevención de la legionelosis, se alcanzarán los niveles térmicos necesarios según normativa, mediante el no uso de la instalación. Para el resto de las instalaciones y únicamente con el fin y con la periodicidad que contemple la legislación vigente referente a la prevención y control de la legionelosis, es admisible prever un conexionado puntual entre el sistema auxiliar y el acumulador solar, de forma que se pueda calentar este último con el auxiliar. En ambos casos, deberá ubicarse un termómetro cuya lectura sea fácilmente visible por el usuario. No obstante, se podrán realizar otros métodos de tratamiento antilegionela permitidos por la legislación vigente.
5. Los acumuladores de los sistemas grandes a medida con un volumen mayor de 2 m^3 deben llevar válvulas de corte u otros sistemas adecuados para cortar flujos al exterior del depósito no intencionados, en caso de daños del sistema.
6. Para instalaciones de climatización de piscinas exclusivamente, no se podrá usar ningún volumen de acumulación, aunque se podrá utilizar un pequeño almacenamiento de inercia en el primario.

Recuerde

Para instalaciones de climatización de piscinas exclusivamente, no se podrá usar ningún volumen de acumulación, aunque se podrá utilizar un pequeño almacenamiento de inercia en el primario.

Situación de las conexiones

1. Las conexiones de entrada y salida se situarán de forma que se eviten caminos preferentes de circulación del fluido, además:

   - La conexión de entrada de agua caliente procedente del intercambiador o de los captadores al interacumulador se realizará, preferentemente, a una altura comprendida entre el 50% y el 75% de la altura total del mismo.

- La conexión de salida de agua fría del acumulador hacia el intercambiador o los captadores se realizará por la parte inferior de éste.
- La conexión de retorno de consumo al acumulador y agua fría de red se realizarán por la parte inferior.
- La extracción de agua caliente del acumulador se realizará por la parte superior.

2. En los casos debidamente justificados en los que sea necesario instalar depósitos horizontales, las tomas de agua caliente y fría estarán situadas en extremos diagonalmente opuestos.
3. La conexión de los acumuladores permitirá la desconexión individual de los mismos, sin interrumpir el funcionamiento de la instalación.
4. No se permite la conexión de un sistema de generación auxiliar en el acumulador solar, ya que esto puede suponer una disminución de las posibilidades de la instalación solar para proporcionar las prestaciones energéticas que se pretenden obtener con este tipo de instalaciones. Para los equipos de instalaciones solares que vengan preparados de fábrica para albergar un sistema auxiliar eléctrico, se deberá anular esta posibilidad de forma permanente, mediante sellado irreversible u otro medio.

Sistema de intercambio

1. Para el caso de intercambiador independiente, la potencia mínima del intercambiador P se determinará para las condiciones de trabajo en las horas centrales del día, suponiendo una radiación solar de 1000 W/m^2 y un rendimiento de la conversión de energía solar a calor del 50%, cumpliéndose la condición: $P \geq 500 \cdot A$, siendo P potencia mínima del intercambiador [W], y A el área de captadores [m^2].
2. Para el caso de intercambiador incorporado al acumulador, la relación entre la superficie útil de intercambio y la superficie total de captación no será inferior a 0,15.

3. En cada una de las tuberías de entrada y salida de agua del intercambiador de calor, se instalará una válvula de cierre próxima al manguito correspondiente.
4. Se puede utilizar el circuito de consumo con un segundo intercambiador (circuito terciario).

Circuito hidráulico

Generalidades

1. Debe concebirse inicialmente un circuito hidráulico de por sí equilibrado. Si no fuera posible, el flujo debe ser controlado por válvulas de equilibrado.
2. El caudal del fluido portador se determinará de acuerdo con las especificaciones del fabricante, como consecuencia del diseño de su producto. En su defecto, su valor estará comprendido entre 1,2 l/s y 2 l/s por cada $100m^2$ de red de captadores. En las instalaciones en las que los captadores estén conectados en serie, el caudal de la instalación se obtendrá aplicando el criterio anterior y dividiendo el resultado por el número de captadores conectados en serie.

Tuberías

1. El sistema de tuberías y sus materiales deben ser tales que no exista posibilidad de formación de obturaciones o depósitos de cal para las condiciones de trabajo.
2. Con objeto de evitar pérdidas térmicas, la longitud de tuberías del sistema deberá ser tan corta como sea posible y evitar al máximo los codos y pérdidas de carga en general. Los tramos horizontales tendrán siempre una pendiente mínima del 1% en el sentido de la circulación.
3. El aislamiento de las tuberías de intemperie deberá llevar una protección externa que asegure la durabilidad ante las acciones climatológicas, admitiéndose revestimientos con pinturas asfálticas, poliésteres reforzados con fibra de vidrio o pinturas acrílicas. El aislamiento no dejará zonas visibles de tuberías o accesorios, quedando únicamente al exterior los elementos

que sean necesarios para el buen funcionamiento y operación de los componentes.

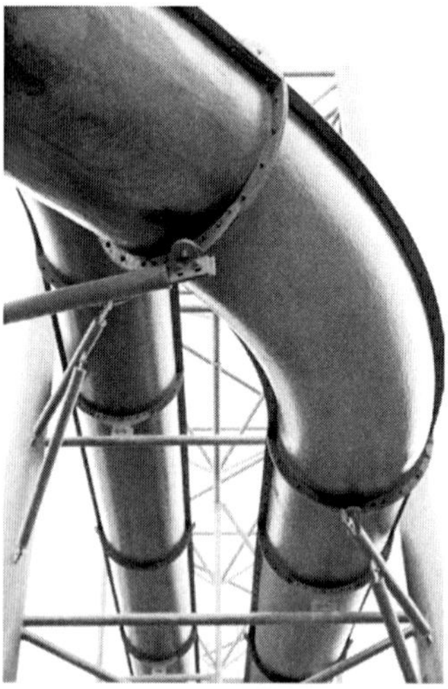

Bombas

1. Si el circuito de captadores está dotado con una bomba de circulación, la caída de presión se debería mantener aceptablemente baja en todo el circuito.
2. Siempre que sea posible, las bombas en línea se montarán en las zonas más frías del circuito, teniendo en cuenta que no se produzca ningún tipo de cavitación y siempre con el eje de rotación en posición horizontal.
3. En instalaciones superiores a $50m^2$, se montarán dos bombas idénticas en paralelo, dejando una de reserva, tanto en el circuito primario como en el secundario. En este caso, se preverá el funcionamiento alternativo de las mismas, de forma manual o automática.
4. En instalaciones de climatización de piscinas, la disposición de los elementos será la siguiente: el filtro ha de colocarse siempre entre la bomba y los captadores, y el sentido de la

corriente ha de ser bomba-filtro-captadores, para evitar que la resistencia de éste provoque una sobrepresión perjudicial para los captadores, prestando especial atención a su mantenimiento. La impulsión del agua caliente deberá hacerse por la parte inferior de la piscina, quedando la impulsión de agua filtrada en superficie.

Recuerde

En instalaciones de climatización de piscinas, la disposición de los elementos será la siguiente: el filtro ha de colocarse siempre entre la bomba y los captadores, y el sentido de la corriente ha de ser bomba-filtro-captadores.

Vasos de expansión

Los vasos de expansión se conectarán preferentemente en la aspiración de la bomba. La altura en la que se situarán los vasos de expansión abiertos será tal que asegure el no desbordamiento del fluido y la no introducción de aire en el circuito primario.

Purga de aire

1. En los puntos altos de la salida de baterías de captadores y en todos aquellos puntos de la instalación donde pueda quedar aire acumulado, se colocarán sistemas de purga, constituidos por botellines de desaireación y purgador manual o automático. El volumen útil del botellín será superior a 100 cm3. Este volumen podrá disminuirse si se instala a la salida del circuito solar y antes del intercambiador un desaireador con purgador automático.
2. En el caso de utilizar purgadores automáticos, se colocarán adicionalmente los dispositivos necesarios para la purga manual.

Drenaje

Los conductos de drenaje de las baterías de captadores se diseñarán en lo posible de forma que no puedan congelarse.

Recuerde

A la hora del montaje de una instalación de agua caliente sanitaria (ACS), se deben tener en cuenta las secciones HS 4 y HE 4, ambas por completo.

5. Protocolos de actuación en cuanto a emergencias surgidas durante el montaje de instalaciones solares

La persona que tenga conocimiento de un accidente o enfermedad, debe indicar qué ocurre, dónde ocurre y quién informa.

Con el fin de evitar situaciones de alarma originadas por avisos falsos, habrá que proceder en todo caso con la debida diligencia.

En caso de accidente o enfermedad, deberán tenerse en cuenta las siguientes indicaciones de carácter general:

- Analizar la situación antes de actuar, tratando de no precipitarse.
- Conservar la calma, evitando aglomeraciones y tranquilizando al accidentado.
- Mantener al herido caliente, sin moverle innecesariamente.
- No dar nunca de beber a una persona sin conocimiento.
- Siempre que sea necesario, deberá asegurarse un traslado urgente del herido o enfermo a un centro sanitario.

Ante cualquier accidente, se deben recordar las tres actuaciones fundamentales: PROTEGER – AVISAR – SOCORRER (PAS).

- **Proteger.** Antes de actuar, se garantizará que tanto el accidentado como la persona que presta auxilio se encuentran fuera de todo peligro.
- **Avisar.** A continuación, siempre que sea posible, se dará aviso a los servicios sanitarios de la existencia del accidente, tratando de facilitar la máxima información.
- **Socorrer.** Una vez se ha protegido y avisado, cuando se cuente con la capacitación necesaria para ello, se procederá a actuar sobre el accidentado, reconociendo sus signos vitales por el siguiente orden: consciencia, respiración y pulso.

Recuerde

Ante cualquier accidente, se deben recordar las tres actuaciones fundamentales:

PROTEGER – AVISAR – SOCORRER (PAS)

El desarrollo de un incendio depende en gran medida del material combustible y del elemento iniciador, siendo su evolución muy diversa, en función de las condiciones presentes en cada caso y el momento de la detección. Para prevenir el inicio de un fuego, deberá tenerse en cuenta lo siguiente:

- No arrojar colillas encendidas al suelo, papeleras o contenedores de basura.
- No modificar, manipular ni sobrecargar las instalaciones eléctricas. Evitar la improvisación y el uso de enchufes múltiples.
- No situar materiales combustibles ni inflamables próximos a las fuentes de alumbrado o calefacción.
- Al finalizar la jornada de trabajo, desconectar los equipos informáticos y la maquinaria utilizada.

Las actuaciones a desarrollar ante la detección de un incendio son las siguientes:

- Comunicar la emergencia, haciendo uso de los pulsadores de alarma y avisando al Servicio de Seguridad o a la Conserjería. Si esta comunicación no es posible, deberá llamarse directamente al teléfono de emergencias: 112 (para llamadas al exterior es preciso marcar cero).
- Si la persona se encuentra capacitada para ello y la intervención no entraña peligro, es posible intentar la extinción del fuego, dirigiendo la boquilla del extintor a la base de las llamas con un movimiento de barrido. En caso contrario, se desalojará el recinto, cerrando puertas y ventanas si la magnitud del fuego lo permite.

Importante

Actuar sólo si no se corren riesgos, evitando imprudencias y utilizando el sentido común.

En caso de encontrarse atrapado por el fuego, se deberán tener en cuenta las siguientes pautas de actuación:

- Caminar agachado, con la boca y la nariz protegidas por un trapo mojado.

- Cerrar las puertas para evitar la entrada del humo, tapando las ranuras existentes valiéndose de trapos y alfombras, preferentemente mojados si es posible.
- Comunicar el lugar donde se encuentra con los medios existentes, o buscar un recinto con ventana exterior para hacerse ver agitando un pañuelo o cortina. En caso necesario, deberá romperse el cristal.

Ante una eventual activación de la alarma de evacuación, deberán seguirse las instrucciones del Servicio de Seguridad y del personal designado como miembro de los Equipos de Emergencia, desalojando el edificio de forma ordenada y teniendo en cuenta las siguientes pautas de actuación:

- La evacuación se llevará a cabo inmediatamente después de ser ordenada, con calma, sin gritar, sin correr y sin detenerse en las salidas ni formar aglomeraciones.
- Utilizar las vías de evacuación existentes siguiendo la señalización de socorro, ocupando la zona derecha de pasillos y escaleras, sin hacer uso de ascensores ni montacargas.
- No se deberá retroceder para buscar a otras personas o recoger objetos personales, ni tratar de retirar los vehículos estacionados en los garajes.
- Salvo indicación de lo contrario, el desalojo implicará el abandono del edificio, manteniéndose en una zona abierta y suficientemente alejada (agrupándose por Departamentos, Servicios y Unidades para identificar posibles ausencias), sin abandonar el lugar ni acudir al área siniestrada hasta nuevo aviso.
- Es necesario ofrecer asistencia a los discapacitados en caso de evacuación.

Importante

En caso de evacuación, es útil estar familiarizado con el edificio: salidas y vías de emergencia, extintores y pulsadores de alarma.

En el manejo de los extintores portátiles, es fundamental considerar el factor distancia y la eficacia del agente extintor con que se opera. Deberá atenderse a las siguientes normas de utilización:

- Descolgar el extintor sin invertirlo, asiéndolo por la maneta fija y colocándolo sobre el suelo en posición vertical, dando un golpe seco. Comprobar la presión.
- Agarrar la boquilla de la manguera del extintor, romper el precinto y retirar el pasador de seguridad. Si se trata de un extintor de CO_2, es preciso tener un cuidado especial para coger la boquilla por la parte aislada, evitando en todo caso dirigirla hacia las personas.
- Presionar la válvula de salida o palanca de la cabeza del extintor realizando una pequeña descarga de comprobación, dirigiendo la manguera hacia el suelo.
- Dirigir el chorro del agente extintor a la base de las llamas con un movimiento de barrido, aproximándose lentamente al fuego hasta un máximo de un metro. Si se trata de espacios abiertos, acercarse en la dirección del viento, interrumpiendo el chorro si fuera preciso cambiar la posición de ataque.
- En los fuegos de líquidos, proyectar superficialmente el agente extintor, evitando que la propia fuerza de impulsión provoque el derrame incontrolado del producto en llamas.
- Al atacar un incendio, vigilar que las llamas no obstaculicen las vías de escape. No dar nunca la espalda al fuego al alejarse.

Adicionalmente, el manejo de extintores tiene unas especiales características que es preciso tener en cuenta:

- Los extintores son utilizados normalmente por personal poco entrenado, que debe ser consciente de sus propias limitaciones.
- El agente extintor se consume rápidamente (unos 20 segundos).

6. Primeros auxilios en diferentes supuestos de accidente en el montaje de instalaciones solares

6.1. Evaluación y actuación

La evaluación se realiza en el lugar de los hechos, con el fin de establecer prioridades y adoptar las medidas necesarias en cada caso. Consta de dos pasos: valoración primaria y valoración secundaria.

Valoración primaria

Su objetivo es identificar las situaciones que suponen una amenaza para la vida. Para ello, se observará siempre en este orden:

- El estado de consciencia.
- La respiración.
- La circulación sanguínea (pulso).

Valoración secundaria

Una vez superada la valoración primaria, hay que ocuparse de las lesiones.

Cabeza

- Buscar heridas y contusiones en cuero cabelludo y cara.
- Salida de sangre por nariz, boca y oídos.
- Lesiones en los ojos.
- Aspecto de la cara (piel fría, pálida, sudorosa).

Cuello

- Tomar el pulso carotídeo durante un minuto.
- Aflojar las prendas ajustadas.

Tórax

- Heridas.
- Dolor y dificultad al respirar.

Abdomen

- Heridas.
- Muy duro o muy depresible al tacto.
- Dolor.

Extremidades

- Examinar brazos y piernas en busca de heridas y deformidades.
- Valorar la sensibilidad para descartar lesiones en la médula.

Recuerde

La evaluación se realiza en el lugar de los hechos, con el fin de establecer prioridades y adoptar las medidas necesarias en cada caso.

Nunca se debe hacer:

- Emitir la propia opinión sobre el estado de salud al lesionado o a los familiares, esto es tarea de los sanitarios.
- Dejar que se acerquen curiosos a la víctima. Si es posible, se aislará el lugar.
- Sustituir al médico. Las actuaciones deben estar encaminadas a complementar la tarea médica, no entorpecerla.
- Permitir que el lesionado se enfríe. En la medida de lo posible, se debe tapar.
- Dejarse impresionar por la aparatosidad de la herida. El exceso de sangre puede poner nervioso, pero hay que mantener la calma.

- Mover o trasladar al herido (salvo necesidad absoluta).
- Dejar que el lesionado se levante o se siente.
- Administrar comida, agua, café o licor. Puede entorpecer intervenciones quirúrgicas posteriores.
- Administrar medicación, esto sólo lo hará un médico.

6.2. Funciones vitales

Las funciones vitales son la circulación y la respiración, ya que, con la ausencia de una de ellas durante un periodo de tiempo superior a cinco minutos, se produce la muerte de las células más sensibles del organismo: las cerebrales. Esto conduce a la muerte de la persona.

Recuerde

Las funciones vitales son la circulación y la respiración, ya que, con la ausencia de una de ellas durante un periodo de tiempo superior a cinco minutos, se produce la muerte de las células más sensibles del organismo: las cerebrales.

El estado de consciencia

Para valorar el estado de consciencia:

- Si la víctima responde a los estímulos (habla, responde a las preguntas, se queja, etc.), indica que está consciente.
- Si la víctima no responde, indica que está inconsciente. En este caso, se pide ayuda sin abandonar al herido y se comprueba si respira.

La respiración

La respiración se comprueba sintiendo o escuchando si sale el aire o fijándose en el ascenso y descenso del tórax. Si respira, hay que valorar la circulación. Si no respira, se realizará la maniobra de "apertura de las vías aéreas".

Muchas veces, con estos procedimientos se restaura la respiración espontáneamente. Si es así, se debe colocar al herido en posición lateral estable y de seguridad (PLS).

Si el accidentado no respira, hay que comenzar inmediatamente la respiración artificial mediante la ventilación boca a boca.

La circulación sanguínea

Para comprobar la circulación:

- Se debe tomar el pulso carotídeo, sólo en uno de los lados y nunca con el dedo pulgar.

- No se pueden palpar ambas arterias carótidas a la vez, pues reduciría el aporte de sangre al cerebro.
- No tener pulso indica que el corazón ha dejado de bombear sangre, por lo que hay que iniciar inmediatamente el bombeo artificial mediante la técnica de las "compresiones torácicas externas".

6.3. Postura lateral estable y de seguridad

En el caso de que el herido respire pero exista una herida o fractura, NO SE LE DEBE MOVER.

Si el lesionado respira y no existe traumatismo, se le colocará en la posición de seguridad, para prevenir las posibles consecuencias de un vómito. Esta posición es la denominada Posición Lateral Estable o de Seguridad (PLS).

La técnica para colocar al herido en esta postura es la siguiente:

- Flexionar la pierna más próxima al reanimador.
- Colocar la mano más próxima al reanimador bajo la nalga.
- Girarle suavemente sobre su costado, hacia el reanimador.
- Extender la cabeza hacia atrás y mantener la cara hacia abajo, colocando la mano del herido que queda arriba bajo la mejilla, para mantener la extensión de la cabeza y evitar que ruede sobre la cara.
- El brazo inferior, colocado detrás de la espalda, evitará que ruede hacia atrás.
- Seguir a su lado, vigilando sus signos vitales hasta que llegue la ayuda solicitada.

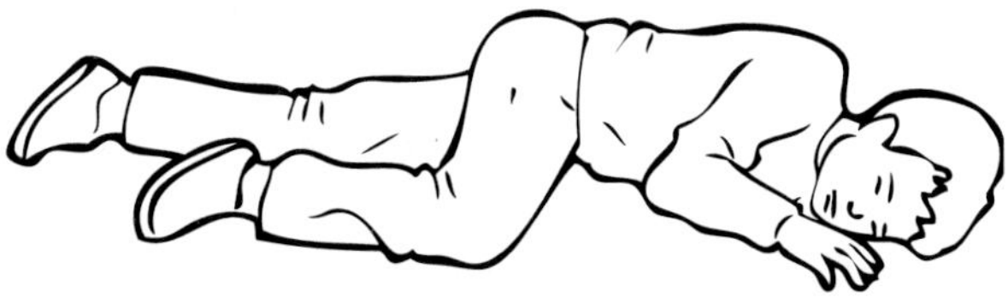

6.4. Pérdida de conocimiento

Es una situación en la que la persona no es capaz de responder a los estímulos externos, no es posible despertarla.

La actuación general en estos casos es colocar a la persona en posición de seguridad, comprobando que la respiración y el pulso continúen perceptibles hasta la llegada de ayuda médica.

Los casos más frecuentes son la lipotimia y la epilepsia.

Lipotimia

Es un desmayo o mareo con pérdida del conocimiento durante unos segundos, debido a una disminución momentánea de la sangre que llega al cerebro.

Actuación

- Tumbar a la persona con las piernas en alto, para facilitar que la sangre llegue al cerebro.
- Aflojar las prendas de vestir que comprimen el cuello, el tórax o la cintura, y quitar los calcetines.
- Aportar suficiente aire: abriendo la ventana, con un abanico, etc.
- Si no se recupera, comprobar las constantes y colocar en posición lateral de seguridad. Si no se detectan las constantes, iniciar RCP.

Epilepsia

Es una enfermedad que afecta al sistema nervioso, en la que aparecen crisis caracterizadas por la pérdida de conocimiento y convulsiones, acompañadas, en ocasiones, por salida de espuma por la boca.

Actuación

- Apartar los objetos de alrededor de la víctima para evitar que se lesione durante las sacudidas, y almohadillar la cabeza.
- Aflojar las prendas ajustadas.
- Evitar que se muerda la lengua o se atragante, accediendo a él por la parte trasera de la cabeza y, para entreabrir la boca, masajear la mandíbula hasta que se abra.

6.5. Obstrucción de las vías respiratorias

El sistema respiratorio está capacitado únicamente para aceptar elementos gaseosos. La introducción en el mismo de cualquier cuerpo sólido o líquido implica la puesta en funcionamiento de los mecanismos de defensa, siendo la tos el más importante.

La obstrucción de las vías respiratorias impide que la sangre del organismo reciba el oxígeno necesario para alimentar los tejidos, lo que implicará la muerte de los mismos.

En personas inconscientes, la principal causa de obstrucción de la vía respiratoria es la caída de la lengua hacia la retrofaringe.

En personas conscientes, generalmente, el motivo de la obstrucción es el atragantamiento. Esta obstrucción por cuerpo sólido se produce por la aspiración brusca (risa, llanto, susto) de la comida que está en la boca.

Si el herido intenta respirar pero le resulta imposible, total o parcialmente, por presentar un cuerpo extraño en las vías respiratorias, hay que ayudarle mediante diversas maniobras.

Obstrucción incompleta o parcial

El cuerpo extraño no tapa toda la entrada del aire, por lo que se pone en funcionamiento el mecanismo de defensa y la persona empieza a toser.

Actuación

- Dejarle toser (los mecanismos de defensa funcionan).
- Observar que siga tosiendo o que expulse el cuerpo extraño.
- NO golpear nunca la espalda, ya que se podría producir la obstrucción completa o introducirse más el cuerpo extraño.

Obstrucción completa o total

En este caso la persona no tose, ni habla, ni entra aire. Generalmente, el accidentado se lleva las manos al cuello y no puede explicar lo que le pasa, emitiendo sonidos afónicos. Presenta gran excitación, pues es consciente de que no respira, tiene la sensación de muerte inminente y suele tomar un color azulado.

Se procederá entonces a realizar la **Maniobra de Heimlich**. Su objetivo es empujar el cuerpo extraño hacia la salida mediante la expulsión del aire que llena los pulmones. Esto se consigue efectuando una presión en la boca del estómago (abdomen) hacia adentro y hacia arriba, para desplazar el diafragma (músculo que separa el tórax del abdomen y que tiene funciones respiratorias) que, a su vez, comprimirá los pulmones, aumentando la presión del aire contenido en las vías respiratorias (tos artificial).

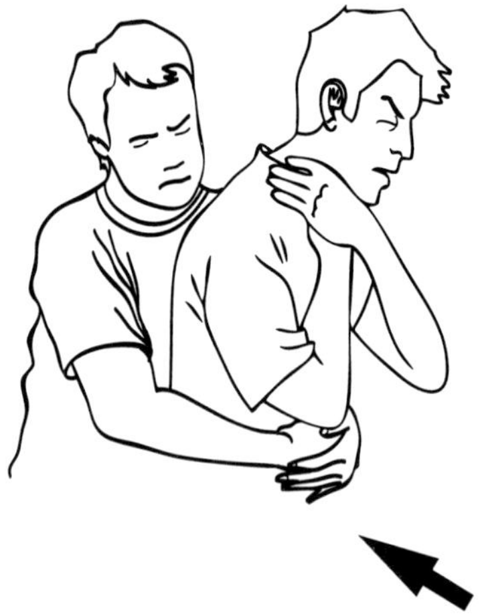

Maniobra de Heimlich:

- Actuar con rapidez.
- Coger al accidentado por detrás y por debajo de los brazos. Colocar el puño cerrado cuatro dedos por encima de su ombligo, justo en la línea media del abdomen. Colocar la otra mano sobre el puño.
- Reclinarle hacia adelante y efectuar una presión abdominal centrada hacia adentro y hacia arriba, a fin de presionar (de seis a ocho veces) el diafragma. De este modo, se produce la tos artificial. Es importante resaltar que la presión no se debe lateralizar, ha de ser centrada. De lo contrario, se podrían lesionar vísceras abdominales de vital importancia.
- Seguir con la maniobra hasta conseguir la tos espontánea o hasta la pérdida de conocimiento.
- En caso de pérdida de conocimiento, se coloca al accidentado en posición de decúbito supino con la cabeza ladeada y se sigue con la maniobra de Heimlich en el suelo.

- En el caso de personas obesas y mujeres embarazadas, no se deben realizar presiones abdominales, por la ineficacia en un caso y por el riesgo de lesiones internas en el otro. Por lo tanto, la tos artificial se conseguirá ejerciendo presiones torácicas, al igual que en el masaje cardíaco, pero a un ritmo mucho más lento. En caso de pérdida de conocimiento, se iniciará el punto anterior de la actuación ante la obstrucción completa en el adulto.

En situación de inconsciencia, se debe alternar la maniobra de Heimlich con la ventilación artificial (boca-boca), ya que es posible que la persona haya efectuado un paro respiratorio fisiológico, por lo que tampoco respirará aunque se consiga desplazar el cuerpo extraño.

Apertura de las vías aéreas

Si al acercar la mejilla o el dorso de la mano a la boca del herido se comprueba que no respira (asfixia), se buscará la existencia de un posible cuerpo extraño. Otra causa de la asfixia puede ser la relajación de los músculos de la zona, provocada por la inconsciencia; o coágulos, por lesiones faciales.

Actuación

Sin perder tiempo, se colocará al accidentado, sea traumático o no, en posición de decúbito supino (estirado mirando hacia arriba), abriendo las vías aéreas. Pueden abrirse mediante cualquiera de las siguientes técnicas:

- Elevación de la mandíbula: sujetando la lengua y la mandíbula, tirar de ellas hacia arriba y adelante.
- Triple maniobra: desplazar la mandíbula hacia adelante, extraer hacia atrás y abrir la boca con ambos pulgares.
- Hiperextensión del cuello: presionar con una mano sobre la frente y levantar el cuello por la nuca, evitando que la lengua obstruya la vía de entrada del aire (esta técnica no se realizará si se sospecha que existe lesión cervical).

Si el lesionado continúa sin respirar, se procederá a practicar la respiración artificial.

Cuerpos extraños

Así se denomina a cualquier cuerpo o sustancia que penetra en el organismo a través de cualquiera de los orificios naturales del mismo (chicles, piezas dentarias, alimentos, etc.).

Garganta

Actuación

- Hay que procurar que la víctima tosa fuertemente para expulsar el objeto.
- Hacer doblarse a la persona sobre el respaldo de una silla y golpearle la espalda entre los omoplatos (paletillas).
- Buscar en la boca de la víctima con los dedos, intentando extraer el cuerpo extraño atorado, con el dedo índice en forma de gancho.
- En último caso, realizar la maniobra de Heimlich.
- En caso de ser necesario, se iniciará la respiración artificial boca a boca y se procurará el traslado urgente.

Nariz

Actuación

- No echar nada por la nariz.
- No dejar que la víctima se toque.
- No dejar que intente sonarse, ya que puede estallar el tímpano.
- No intentar extraerlo.
- No introducir ningún objeto.
- Procurar la atención por un otorrinolaringólogo (ORL).

Oídos

Salvo que sea muy fácil su extracción, no hacer nada y avisar al médico.

Ojos

Solamente se deberán procurar extraer aquellas "motas" o cuerpos extraños que se encuentren en el párpado o entre el ojo y el párpado, pero nunca las que estén incrustadas en el ojo.

En los casos simples, el primer paso es lavarse las manos, después se procurarán mantener los párpados abiertos, sujetos por las pestañas, y con una gasa limpia y humedecida, muy suavemente, intentar arrastrar la mota. Si en el primer intento no se consigue, es preferible no volver a tocarlo, lavar el ojo con agua limpia, tapar con un apósito limpio y trasladar a un centro sanitario.

Respiración artificial

Las Técnicas de Ventilación Artificial son las siguientes:

- Boca a boca.
- Boca a nariz.
- Boca a boca-nariz (en el caso de niños).
- Boca a estoma (en el caso de personas traqueotomizadas).

La ventilación boca a boca es una técnica rápida, sencilla y efectiva:

- El paciente estará en la posición RCP (boca arriba, cabeza y hombros al mismo nivel que el cuerpo, con los brazos estirados a lo largo del cuerpo y sobre una superficie lisa, dura y firme).
- El socorrista estará arrodillado a la altura de los hombros del paciente.
- Se mantendrá abierta la vía aérea, extendiendo la cabeza con una mano bajo el mentón y con la otra mano en la frente del paciente.
- Se le obstruye la nariz con los dedos índice y pulgar de una mano.
- Después, abrir la boca del paciente, inspirar aire profundamente y, colocando los labios sobre los del accidentado procurando sellar totalmente su boca, se realizan dos insuflaciones lentas y sucesivas, de dos segundos cada una.

- Seguidamente, se debe retirar la boca y despinzar la nariz, para facilitar la espiración pasiva.
- Comprobar que el pecho del lesionado sube y baja con cada insuflación, lo que indica que el aire entra y sale de los pulmones.
- Repetir el proceso cada cinco segundos.
- Si no se puede adaptar adecuadamente la boca a la de la víctima, se usará alternativamente la nariz, insuflando el aire a través de ella.
- Una vez se ha insuflado el aire, se debe comprobar el funcionamiento cardíaco a través del pulso carotídeo.

En caso de existir pulso, se seguirá efectuando la respiración artificial, pero en el momento en que desaparezca el pulso, se deberá iniciar sin demora el masaje cardíaco externo, acompañado siempre de la respiración boca-boca.

Recuerde

La posición RCP consiste en colocar a la persona afectada boca arriba, cabeza y hombros al mismo nivel que el cuerpo, con los brazos estirados a lo largo del cuerpo y sobre una superficie lisa, dura y firme.

6.6. Hemorragias y shock

El sistema circulatorio tiene la función de transportar los nutrientes y el oxígeno a las células del organismo. También es el responsable de mantener la temperatura interna del cuerpo humano.

Las hemorragias son causa de emergencia médica, por lo que la actuación del socorrista debe ser rápida y decidida. De lo contrario, la oxigenación de los tejidos se verá reducida o eliminada, produciendo la muerte de los mismos.

El objetivo del socorrista es evitar la pérdida de sangre del accidentado, siempre que ello sea posible.

Definición

Hemorragia
Es cualquier salida de sangre de sus cauces habituales (los vasos sanguíneos), como consecuencia de la rotura de los mismos.

Existen dos tipos de clasificaciones de las hemorragias:

- **Atendiendo al destino final de la sangre** (¿a dónde va a parar la sangre que se pierde?):
  - *Hemorragias Exteriorizadas:* cuando la hemorragia es interna, pero sale al exterior a través de uno de los orificios naturales del organismo.
  - *Hemorragias Internas:* cuando la sangre va a parar a una cavidad del organismo, por lo que, en estos casos, no se ve.
  - *Hemorragias Externas:* cuando van acompañadas de una herida en la piel, con lo que la sangre se ve directamente.
- **Atendiendo al tipo de vaso que se ha roto:**
  - *Hemorragias Arteriales:* la sangre es de color rojo vivo, ya que es muy rica en O_2, y sale a borbotones o a golpes (por efecto del latido cardíaco).
  - *Hemorragias Venosas:* la sangre es de color rojo oscuro, ya que transporta CO_2, y sale de forma continua y sin presión.
  - *Hemorragias Capilares:* la sangre es de color rojo vivo y sale de forma abundante pero sin presión, es lo que se denomina "en sábana".

Hemorragias exteriorizadas

Son aquellas hemorragias que, siendo internas, salen al exterior a través de un orificio natural del cuerpo: oído, nariz, boca, ano y genitales.

Oídos

Las hemorragias que salen por el oído se llaman *otorragias.*

Actuación

- Facilitar la salida de sangre de la cavidad craneal.
- Colocar al accidentado en Posición Lateral de Seguridad (PLS), con el oído sangrante dirigido hacia el suelo.
- Control de signos vitales y evacuación urgente hacia un centro sanitario con servicio de Neurología.

Nariz

Las hemorragias que salen por la nariz se denominan *epistaxis.*

El origen de estas hemorragias es diverso. Pueden ser producidas por un golpe, por un desgaste de la mucosa nasal o como consecuencia de una patología en la que la hemorragia sería un signo (HTA).

Actuación

- Efectuar una presión directa sobre la ventana nasal sangrante y contra el tabique nasal, presión que se mantendrá durante cinco minutos.
- Inclinar la cabeza hacia delante, para evitar la posible inspiración de coágulos.
- Si, pasados los cinco minutos, la hemorragia no ha cesado, se introducirá una gasa mojada en agua oxigenada por la fosa nasal sangrante (taponamiento anterior).
- Si no se detiene, evacuar a un centro sanitario con urgencia.

Boca

Cuando la hemorragia se presenta en forma de vómito, puede tener su origen en el pulmón (*hemoptisis*) o en el estómago (*hematemesis*).

Hemorragias internas

Son aquellas que se producen en el interior del organismo, sin salir al exterior. Por lo tanto, la sangre no se ve, pero sí se puede detectar porque el paciente presenta signos y síntomas de shock.

Definición

Shock

Conjunto de signos y síntomas consecuentes a la falta o disminución del aporte sanguíneo a los tejidos, debido a la pérdida de volumen sanguíneo.

Esto implica que cualquier lesión, si no se trata convenientemente, puede derivar en un estado de shock por parte del accidentado, con la posibilidad de muerte.

Signos y síntomas de shock:

- Alteración de la conciencia (no pérdida).
- Estado ansioso, nervioso.
- Pulso rápido y débil.
- Respiración rápida y superficial.
- Palidez de mucosas.
- Sudoración fría y pegajosa, generalmente en manos, pies, cara y pecho.
- Hipotensión arterial (hta).

Actuación

- Evitar que el herido se mueva.
- No darle nada de comer ni de beber.
- Control de signos vitales.
- Aflojar todo aquello que comprima al accidentado, a fin de facilitar la circulación sanguínea.
- Tranquilizar al herido.
- Evitar la pérdida de calor corporal.
- Colocar al accidentado estirado, con la cabeza más baja que los pies (posición de Trendelenburg).
- Evacuarle urgentemente, ya que la tendencia del shock siempre es a empeorar.

Hemorragias externas

Son aquellas en las que la sangre sale al exterior a través de una herida. Se debe actuar rápidamente mediante compresión directa, para impedir o reducir al máximo posible el sangrado.

Actuación

- Tumbar a la víctima para evitar desmayos.
- Efectuar una presión en el punto de sangrado.
- Efectuar la presión durante un tiempo mínimo de 10 minutos, con un apósito (gasa, pañuelo, etc.) lo más limpio posible.

- Si con el primer apósito no fuera suficiente, añadir más encima, pero nunca quitar el anterior.
- Simultáneamente, elevar la extremidad afectada a una altura superior a la del corazón del accidentado.
- Transcurrido ese tiempo, se aliviará la presión, pero nunca se quitará el apósito.
- En caso de éxito, se procederá a vendar la herida, por encima de los apósitos, y se trasladará al hospital.

Este método no se puede utilizar si la hemorragia es producida por una fractura abierta de un hueso o existen cuerpos enclavados.

Torniquete

El torniquete produce una detención de toda la circulación sanguínea en la extremidad, por lo que conlleva la falta de oxigenación de los tejidos y la muerte tisular, formándose toxinas por necrosis y trombos por acumulación plaquetaria.

Condiciones que deben darse para su aplicación:

- Si fracasan las medidas básicas de actuación (compresión directa, elevación e inmovilización del miembro sangrante).
- Ante la amputación de un miembro. Con frecuencia, un miembro amputado no sangra, aunque puede comenzar a hacerlo en cualquier momento, por lo que se colocará el torniquete, dejándolo listo para apretarlo en el momento necesario.
- Agotamiento de la compresión manual directa sobre la arteria afectada.
- Cuando exista más de un accidentado en situación de emergencia y el socorrista esté solo.
- Ante el peligro de pérdida de la vida (siempre debe ser la última opción).

Actuación

- Colocar siempre el torniquete en la parte del miembro lesionado que queda entre la herida y el corazón.
- Deben emplearse materiales suaves y con una anchura mínima de 10 cm.
- Colocar un almohadillado sobre la piel donde se vaya a situar el torniquete (cuanto más rígido y estrecho sea el torniquete, mayor será el daño que produzca sobre los tejidos comprimidos, debiendo, por tanto, usarse el más ancho que sea posible).
- Dar dos vueltas con el torniquete alrededor de la extremidad afectada y hacer medio nudo.
- Colocar un palo, lápiz u objeto similar en la parte superior del medio nudo y completar el nudo sobre el mismo.
- Girar el palo para apretar el torniquete hasta que cese el sangrado, no más.

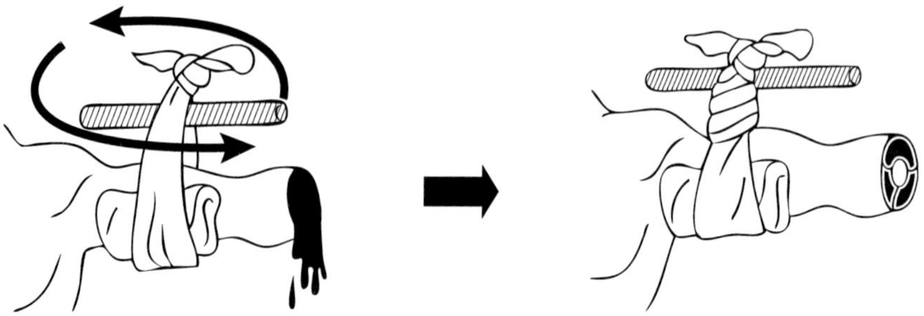

- Nunca cubrir un torniquete con vendajes o ropas que impidan su visualización rápida.
- Reflejar la hora en la que se colocó el torniquete, colocando una señal muy clara y ostensible que identifique al herido como portador de un torniquete.
- Aflojar el torniquete, sin retirarlo, cada 20 minutos.
- No mantener colocado un torniquete más de dos horas, en cualquier caso.
- Cubrir al paciente con una manta o similar, pues la pérdida de sangre le producirá frío.

Un torniquete mantenido durante demasiado tiempo puede originar la gangrena del miembro donde se coloca y, en consecuencia, obligar a la amputación. Por este motivo, este tipo de heridos son de traslado prioritario al hospital y deben ir siempre acompañados por un socorrista.

Consideraciones especiales de utilización del torniquete

- Sólo se debe emplear para heridas arteriales importantes.
- Si una arteria está seccionada y aplastada por el traumatismo, inicialmente no sangrará, pero más tarde puede aparecer una hemorragia tardía y fulminante, que conduce al herido a la muerte en muy poco tiempo (segundos). Por este motivo, un miembro totalmente seccionado requiere la aplicación de un torniquete, aunque no sangre. Un miembro machacado, pero no totalmente seccionado, requiere también la colocación de un torniquete en el lugar apropiado, pero sin apretarlo. Se vigilará constantemente la herida, especialmente durante el traslado, para apretarlo si se presenta la hemorragia.

- Cuando la herida arterial esté localizada en el cuello, en la axila o en la ingle, el torniquete está contraindicado. Por tanto, se efectuará la compresión manual hasta la llegada al centro asistencial.
- Una vez puesto y apretado un torniquete, nunca se debe quitar por el socorrista, pues al soltarlo sin las debidas precauciones médicas el estado de shock se agrava, pudiendo llegar incluso a producirse la muerte súbita del enfermo.

Recuerde

El torniquete sólo se aplicará ante el peligro de pérdida de la vida, siempre como última opción.

6.7. Traumatismos

Un traumatismo es toda lesión debida a la acción de un agente exterior. Consta de reacciones locales y generales, que son su consecuencia (contusión, herida, fractura, luxación, etc.).

Actuación

- Controlar las hemorragias externas.
- Si se duda sobre la existencia de una fractura, actuar como si existiera.
- Antes de movilizar o transportar al accidentado, se debe almohadillar e inmovilizar (empaquetar) la lesión adecuadamente.
- Para valorar la deformidad de un miembro como consecuencia de una fractura o luxación, se debe comparar siempre con el miembro opuesto.

Nunca se debe hacer:

- No se debe mover la extremidad para comprobar si está fracturada.
- No se debe enderezar el miembro fracturado.

- No se debe permitir que el lesionado camine, si se sospecha de una fractura de miembros inferiores.
- No se deben dejar anillos en los dedos, si las manos han sufrido un traumatismo.
- No se deben quitar los zapatos o desvestir al lesionado (rasgar siempre la ropa).
- No se debe transportar sin inmovilizar antes, salvo peligro inminente.

Traumatismo ocular

Los ojos son la parte del cuerpo que con más frecuencia sufre los efectos de los accidentes de trabajo.

6.8. Contusiones

Es la lesión producida por un choque violento contra otro objeto o cuerpo, sin que se produzca una herida, aunque puede ocultar lesiones internas importantes. También son llamadas **heridas cerradas**.

Una forma muy sencilla de recordar la actuación de urgencia ante estas situaciones, consiste en recordar las letras de la palabra "chef":

- **Compresión** del área lesionada, de forma directa (hemorragias) o mediante un vendaje almohadillado compresivo para las contusiones.
- **Hielo**, aplicándolo de forma regular a intervalos de 20 minutos, con periodos de descanso de cinco minutos, para provocar la contracción (disminución del calibre) de los vasos sanguíneos y disminuir la inflamación.
- **Elevación** de la parte afectada, si es posible por encima de la altura del corazón.
- **Férula** de inmovilización de la extremidad o reposo de la zona.

Si la contusión se produjera en la región abdominal, colocar al lesionado tumbado, con las rodillas flexionadas, ya que esta posición ayuda a calmar el dolor. Ante la aparición de un hematoma, nunca pinchar o intentar vaciarlo, sólo aplicar hielo.

Actuación

- Cubrir sin comprimir.
- No aplicar pomadas.
- Traslado a centro hospitalario.

Heridas superficiales

Actuación

- Lavado con suero fisiológico.
- No aplicar pomadas.
- Traslado a centro hospitalario.

Cuerpos extraños

Actuación

- Lavado con suero fisiológico.
- Extracción, si el cuerpo extraño está en el párpado.
- No aplicar pomadas.
- Traslado a centro hospitalario.

Causticaciones

Actuación

- Lavado con agua durante 15-20 minutos.
- Cubrir sin comprimir.
- No aplicar pomadas.
- Traslado a centro hospitalario.

6.9. Heridas

La piel es el órgano que recubre todo el cuerpo y su principal función es la de actuar como barrera protectora, impidiendo la entrada de gérmenes desde el exterior.

Cuando, por la acción de un agente externo o interno, se altera su integridad, se produce lo que se conoce como **herida**, que es toda pérdida de continuidad de la piel, secundaria a un traumatismo, con exposición del interior.

Las heridas se caracterizan por la aparición de dolor, separación de bordes y hemorragia. La gravedad de la herida dependerá de la profundidad, extensión, localización y hemorragia.

No se debe olvidar, ante la aparición de una herida, la posibilidad de sufrir infecciones (tétanos, etc.).

Actuación

Si la herida es grave o presenta hemorragia, hay que intentar cohibir la hemorragia mediante las técnicas habituales. Si no existe hemorragia, se seguirán las siguientes normas:

- Lavarse las manos con jabón y cepillo de uñas.
- Limpieza de la herida con agua y jabón (heridas leves).
- Limpieza de la herida con agua (heridas graves).
- No utilizar directamente sobre la herida alcohol, algodón o tintura de yodo.
- Sí se pueden usar antisépticos, como agua oxigenada o povidona yodada.
- Secar la herida, sin frotar.
- Cubrir la herida con gasas estériles.

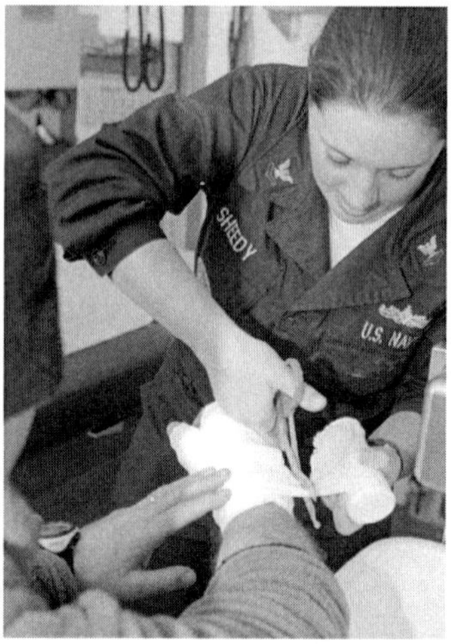

- Nunca aplicar sobre la herida la gasa por la cara con la que se contacta para sujetarla.
- Colocar algodón sobre las gasas, vendar firmemente y, si el apósito usado en la compresión se empapa, colocar otro encima, sin retirar el primero.
- Mantener el miembro elevado y dejarlo fijado, para evitar que se movilice durante el traslado.
- Realizar el traslado lo antes posible.

6.10. Amputaciones

Una amputación traumática es un accidente mediante el cual se desprende una parte del cuerpo.

Actuación

- Controlar la hemorragia de la zona de amputación.
- Tapar la zona herida con un apósito, lo más limpio posible.
- El transporte del paciente debe ser tan rápido como sea posible.

En cuanto a la parte amputada:

- Envolverla en un apósito limpio y humedecido con suero fisiológico.
- Introducirla en una bolsa de plástico, y ésta dentro de otra con abundante hielo y agua en su interior.
- No colocar el segmento directamente en contacto con el hielo ni con ningún líquido.
- No envolverlo en algodón.

6.11. Objetos enclavados

Actuación

- No se debe tratar de retirar el objeto ni de recortarlo.
- Comprimir sobre la herida directamente y tratar de estabilizar el objeto en el lugar donde ha quedado enclavado.

- Aplicar presión directa sobre los bordes de la herida, para contener la hemorragia.
- Cortar un agujero a través de varias capas de gasas y colocarlas de forma que se rodee el objeto enclavado.
- Con un trozo de tela o toalla, formar un círculo alrededor del objeto.
- Asegurarlo todo con un vendaje.
- En un miembro superior, retirar los anillos y pulseras de la mano afectada.
- En ocasiones, el objeto enclavado es metálico y es necesario cortarlo para poder desincrustar y sacar al herido.
- En estos casos, se debe enfriar con agua el metal mientras se corta, para evitar que se produzca una quemadura en la zona de contacto del metal con el cuerpo, ya que el corte producirá calor.
- Después de finalizar el corte, se procederá como en los casos anteriores, procurando que, durante el traslado, no se mueva el objeto incrustado.

6.12. Quemaduras

Las quemaduras son lesiones provocadas por la exposición de cualquier parte del cuerpo a una cantidad de energía superior a la que el organismo es capaz de absorber sin daño.

Las quemaduras pueden ser provocadas por:

- Calor (fuego, líquidos o vapores calientes, sólidos calientes, etc.).
- Productos químicos (ácidos, bases u otras sustancias corrosivas).
- Electricidad (electrocuciones).
- Radiaciones ionizantes.
- Rayos (fulguraciones).

Clasificación de las quemaduras

Los factores que condicionan la gravedad de una quemadura son la profundidad y la extensión.

Profundidad

- *Primer grado*: son quemaduras poco profundas, afectando sólo a la capa superficial de la piel o epidermis. La piel presenta enrojecimiento y escozor, sin ampollas (por ejemplo, el eritema solar). La curación es espontánea, en tres o cuatro días.
- *Segundo grado superficial*: son algo más profundas, afectan a la epidermis y a la capa inferior o dermis, dando lugar a la aparición de ampollas. La curación sucede, con métodos adecuados, entre cinco y siete días.
- *Segundo grado profundo*: son más profundas. No se forman ampollas. Presentan un aspecto rojo intenso y húmedo. Son menos dolorosas que las quemaduras de segundo grado superficial.
- *Tercer grado*: son muy profundas, afectando a todas las capas de la piel. Producen una alteración de todas las estructuras cutáneas y de las terminaciones nerviosas, dando lugar a una piel quemada y acartonada, que se denomina *necrosis* o *escara*. No son dolorosas.

Extensión

Es el factor clave que determina la gravedad, por su estrecha relación con la pérdida de líquidos y el shock. Su valoración es muy importante, ya que el pronóstico de un quemado es directamente proporcional a la superficie de la quemadura.

Esta valoración se realiza mediante la **Regla de los Nueves**. Esta regla asigna los siguientes porcentajes: 9% a la cabeza, 9% a cada una de las extremidades superiores, 18% a la cara anterior del tórax y del abdomen, 18% a la espalda y nalgas, 18% a cada una de las extremidades inferiores y el 1% al área genital.

Aquellas quemaduras que afectan a una superficie corporal superior al 30%, se consideran muy graves. Las quemaduras que, aunque tengan una extensión menor, afectan a personas mayores, niños o enfermos; o bien se localizan a nivel de la cara, manos o el área genital, deben considerarse también muy graves.

Actuación

- Neutralizar el agente agresor.

- Si la ropa está ardiendo, apagar las llamas con mantas, abrigos, agua, etc.
- Controlar el pulso y la respiración. Si son negativas, iniciar RCP.
- Cortar las ropas sobre la zona quemada. No tratar de quitar la ropa adherida a la quemadura.
- Limpiar con agua fría.
- Tapar con gasas y practicar vendajes poco voluminosos, no compresivos.
- Tapar al herido con una sábana limpia.

- Tranquilizarle.
- Trasladarle a un Centro o Unidad de Quemados.

Nunca se debe hacer:

- No aplicar pomadas.
- No romper las ampollas.
- No aplicar antisépticos, colorantes ni productos de droguería.
- No dar líquidos ni comida.
- No inyectar nada.

Recuerde

Las quemaduras pueden ser provocadas por calor (fuego, líquidos o vapores calientes, sólidos calientes, etc.); productos químicos (ácidos, bases u otras sustancias corrosivas); electricidad (electrocuciones); radiaciones ionizantes y rayos (fulguraciones).

6.13. Intoxicaciones

Las intoxicaciones son aquellas situaciones de emergencia que se producen como consecuencia de la entrada de tóxicos en el organismo.

Cualquier producto químico producirá una intoxicación dependiendo de la forma en que penetre en el organismo, y su importancia dependerá de la naturaleza y cantidad del tóxico que haya penetrado.

Vías de entrada y actuación

Existen cuatro vías de entrada fundamentales:

- **Ingestión**: por la comida y la bebida.
- **Inhalación**: a través de las vías respiratorias.
- **Absorción**: a través de la piel.
- **Inyección**: inoculando la sustancia, bien en los tejidos corporales, bien en la sangre.

Ingestión

Las manifestaciones clínicas van a ser:

- Alteraciones digestivas (náuseas, vómitos, dolores abdominales de tipo cólico, diarrea, etc.).
- Alteraciones de la conciencia (disminución o pérdida).
- Alteraciones respiratorias y cardíacas (aumento o disminución de la frecuencia respiratoria, disnea o dificultad respiratoria, etc.).

Se pueden presentar signos característicos, según el tipo de tóxico:

- Quemaduras en los labios, lengua y alrededor de la boca, si la víctima se ha intoxicado con productos químicos.
- Respiración rápida y dificultosa, en el caso de ingesta masiva de algunos medicamentos.

6.14. Botiquín

Todo centro de trabajo deberá poseer un botiquín, con materiales en cantidad suficiente para la cantidad de trabajadores prevista, y deberá ser revisado en función de la fecha de caducidad de los productos que tenga en su interior.

El botiquín debe cumplir con lo dispuesto en el Anexo VI del RD 486/97, de lugares de trabajo. Por otro lado, el suministro de botiquines debe seguir lo marcado en la Orden TAS/2947/2007, de 8 de octubre, en la que se establece el suministro a las empresas de botiquines con material de primeros auxilios en caso de accidente de trabajo, como parte de la acción protectora del sistema de Seguridad Social.

El botiquín debe estar accesible a todo el personal. El contenido mínimo que debe poseer el botiquín, es:

- Desinfectantes y antisépticos autorizados.
- Gasas estériles.
- Algodón hidrófilo.
- Vendas.
- Esparadrapo.
- Apósitos adhesivos.
- Tijeras.
- Pinzas y guantes.

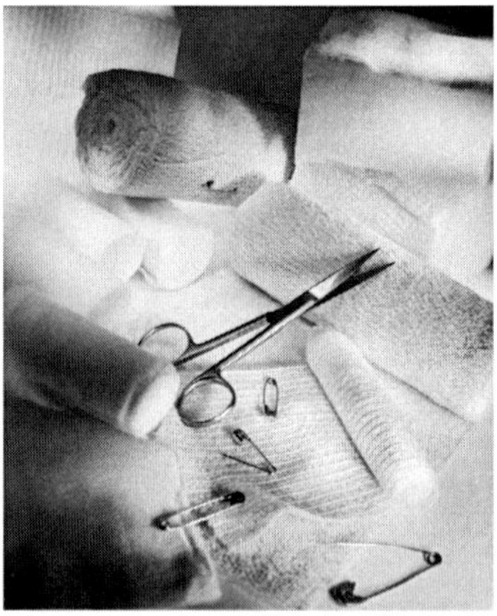

Todo esto deberá revisarse y reponerse en función de su uso.

Por otra parte, todo centro de trabajo con más de 50 trabajadores deberá contar con instalaciones adecuadas para desarrollar tareas de primeros auxilios. Tanto los locales como cualquier botiquín deberán estar correctamente señalizados.

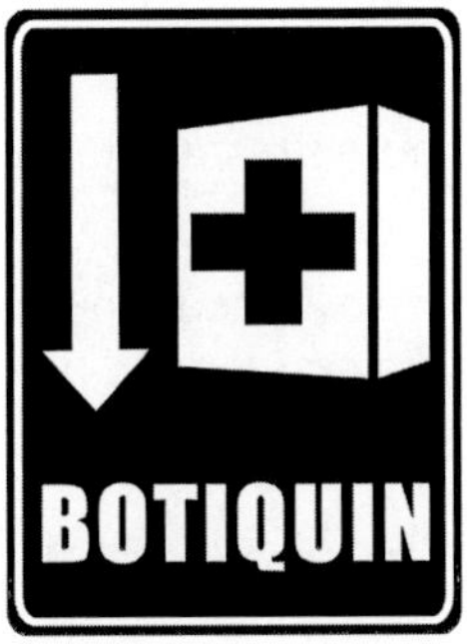

Los operarios deberán poseer formación e información inicial y periódica en temas sanitarios y de primeros auxilios, con el objeto de dar un buen uso de la dotación del botiquín.

Recuerde

Los operarios deberán poseer formación e información inicial y periódica en temas sanitarios y de primeros auxilios, con el objeto de dar un buen uso de la dotación del botiquín.

7. Resumen

En el montaje mecánico e hidráulico de instalaciones solares, se deben seguir las normativas correspondientes, que son: la normativa sobre transporte, descarga e izado de material; la normativa de seguridad relacionada con la obra civil; y la normativa sobre montaje mecánico e hidráulico de instalaciones solares.

Es muy importante seguir los protocolos de actuación en cuanto a las emergencias que puedan surgir, así como conocer las técnicas de primeros auxilios.

Con objeto de hacer posible una respuesta rápida y coordinada en caso de accidente o enfermedad, la persona que tenga conocimiento del accidente o la enfermedad procederá a dar aviso inmediato a la Conserjería, personalmente o a través del teléfono, informando del lugar del suceso y aportando todos los detalles sobre las circunstancias del mismo y las condiciones del afectado. Si esta comunicación no es posible, deberá llamarse directamente al teléfono de emergencias (112).

Ejercicios de repaso y autoevaluación

1. **¿Por qué Real Decreto se establecen excepciones a la obligatoriedad de las normas sobre tiempos de conducción y descanso, y el uso del tacógrafo en el transporte por carretera?**

   a. REAL DECRETO 440/2007
   b. REAL DECRETO 540/2007
   c. REAL DECRETO 640/2007
   d. REAL DECRETO 740/2007

2. **¿Qué Real Decreto establece las disposiciones mínimas de Seguridad y Salud para la utilización por los trabajadores de los equipos de trabajo?**

   a. RD 1214/1997
   b. RD 1215/1997
   c. RD 1216/1997
   d. RD 1217/1997

3. **Complete los espacios vacíos.**

   En los aparatos ______________ y en los accesorios de ______________ se deberá colocar, de manera visible, la indicación del valor de su carga máxima que, en ningún caso, debe ser ______________ .

4. **La sección HE 4 del Código Técnico de la Edificación se refiere al suministro de agua.**

   a. Verdadero.
   b. Falso.

5. **Nunca se debe emitir la propia opinión sobre el estado de salud al lesionado o a los familiares.**

   a. Verdadero.
   b. Falso.

6. ¿Cuál es el tiempo máximo que debe estar un torniquete puesto?

a. 1 hora.
b. 2 horas.
c. 3 horas.
d. 4 horas.

7. Las quemaduras que afectan a la capa superficial de la piel o epidermis, tienen una gravedad de:

a. Primer grado.
b. Segundo grado superficial.
c. Segundo grado profundo.
d. Tercer grado.

Capítulo 3

Equipos de protección individual

Contenido

1. Introducción

Se entiende por Equipo de Protección Individual (EPI) cualquier equipo destinado a ser llevado o sujetado por el trabajador, para que le proteja de uno o varios riesgos que puedan amenazar su seguridad o su salud, así como el complemento o accesorio destinado a tal fin.

Por tanto, el EPI puede considerarse un elemento fundamental en la prevención y seguridad de riesgos laborales.

En este capítulo, se van a tratar diferentes aspectos relacionados con los equipos de protección individual: tipos y características; identificación, uso y manejo; selección según el tipo de riesgo y mantenimiento.

2. Tipos y características de los elementos de protección individual

De cara a asegurar el cumplimiento de las exigencias esenciales de salud y seguridad, los equipos se clasifican en tres categorías, siguiendo procedimientos diferentes para asegurar dicho cumplimiento:

- Los equipos destinados a proteger contra riesgos mínimos, se consideran de **Categoría I.** Pertenecen a esta categoría, única y exclusivamente, los EPI que tengan por finalidad proteger al usuario de:

    - Agresiones mecánicas, cuyos efectos sean superficiales (guantes de jardinería, dedales).
    - Los productos de mantenimiento poco nocivos, cuyos efectos sean fácilmente reversibles (guantes de protección contra soluciones detergentes diluidas).
    - Los riesgos en que se incurra durante tareas de manipulación de piezas calientes, que no expongan al usuario a temperaturas superiores a 50° C ni a choques peligrosos (guantes, delantales de uso profesional).
    - Los agentes atmosféricos que no sean excepcionales ni extremos (gorros, ropas de temporada, zapatos y botas).

- Los pequeños choques y vibraciones que no afecten a las partes vitales del cuerpo y que no puedan provocar lesiones irreversibles (cascos ligeros de protección del cuero cabelludo, guantes, calzado ligero).
- La radiación solar (gafas de sol).

Recuerde

Los equipos destinados a proteger contra riesgos mínimos se consideran de Categoría I.

- Los equipos destinados a proteger contra riesgos de grado medio o elevado, pero no de consecuencias mortales o irreversibles, se consideran de **Categoría II.**

Recuerde

Los equipos destinados a proteger contra riesgos de grado medio o elevado, pero no de consecuencias mortales o irreversibles, se consideran de Categoría II.

- Los equipos destinados a proteger contra riesgos de consecuencias mortales o irreversibles, se clasifican en la **Categoría III.**

Recuerde

Los equipos destinados a proteger contra riesgos de consecuencias mortales o irreversibles se clasifican en la Categoría III.

Pertenecen a esta categoría los equipos siguientes:

- Los equipos de protección respiratoria filtrantes, que protejan contra los aerosoles sólidos y líquidos o contra los gases irritantes, peligrosos, tóxicos o radiotóxicos.
- Los equipos de protección respiratoria completamente aislantes de la atmósfera, incluidos los destinados a la inmersión.
- Los EPI que sólo brinden una protección limitada en el tiempo contra las agresiones químicas o contra las radiaciones ionizantes.
- Los equipos de intervención en ambientes cálidos, cuyos efectos sean comparables a los de una temperatura ambiente igual o superior a 100° C, con o sin radiación de infrarrojos, llamas o grandes proyecciones de materiales en fusión.
- Los equipos de intervención en ambientes fríos, cuyos efectos sean comparables a los de una temperatura ambiental igual a -50° C.
- Los EPI destinados a proteger contra las caídas desde determinada altura.
- Los EPI destinados a proteger contra los riesgos eléctricos, para los trabajos realizados bajo tensiones peligrosas, o los que se utilicen como aislantes de alta tensión.

2.1. Tipos de EPI

Protectores de la cabeza

Elemento que se coloca sobre la cabeza, destinado primordialmente a proteger la parte superior de la cabeza del usuario contra objetos en caída. El casco debe estar compuesto, como mínimo, de un armazón y un arnés. Los cascos de protección para la industria están previstos fundamentalmente para proteger al usuario contra la caída de objetos y las consecuentes lesiones cerebrales y fracturas de cráneo.

Exigencias de comportamiento

Obligatorias

- Absorción de impactos: Caída de un percutor con cabeza hemisférica de 5Kg de masa desde 1 m de altura. La fuerza transmitida a la cabeza de prueba será menor de 5 KN.

    - Resistencia a la perforación: Caída de un percutor con cabeza puntiaguda de 3Kg de masa desde 1 m de altura. La punta del punzón no debe tocar la cabeza de prueba.
    - Resistencia a la llama: Aplicación durante 10 s. de una llama de propano. Los materiales expuestos a la llama no deberán arder 5 s., una vez retirada la misma.
    - Puntos de anclaje del barboquejo: Deben resistir una fuerza de tracción superior a 150 N, y ceder al aplicar una fuerza mayor de 250 N.
    - Etiqueta: La etiqueta que puede ir fijada al casco debe permanecer fija y legible tras los ensayos de acondicionamiento.

Opcionales

- Muy baja temperatura: Absorción de impactos y resistencia a la penetración a -20° C ó -30° C.
- Muy alta temperatura: Absorción de impactos y resistencia a la penetración a 150 ° C.
- Propiedades eléctricas: Este requisito pretende asegurar la protección del usuario, durante un corto periodo de tiempo, contra contactos accidentales con conductores eléctricos activos, con un voltaje de hasta 440 V.
- Deformación lateral: La deformación lateral máxima del casco no excederá de 40 mm., y la deformación lateral residual no ex-

cederá de 15 mm., después de aplicar una fuerza incrementada hasta 430 N.

- Salpicaduras de metal fundido: El casco no deberá: a) ser atravesado por el metal fundido, b) mostrar ninguna deformación mayor de 10 mm., c) quemar con emisión de llama después de un periodo de 5 s., medidos una vez el derrame de metal fundido haya cesado.

Exigencias físicas

- Distancia vertical externa: Representa la altura de la superficie exterior del casquete por encima de la cabeza, cuando el casco está siendo utilizado, y se relaciona con el espacio libre. La distancia vertical externa no debe ser mayor de 80 mm.
- Distancia vertical interna: Representa la altura de la superficie interior del casquete sobre la cabeza, cuando el casco está siendo utilizado, y se relaciona con la estabilidad. La distancia vertical interna no debe ser mayor de 50 mm.
- Espacio vertical interior: Profundidad del espacio de aire inmediatamente por encima de la cabeza, cuando el casco es utilizado. Indica la ventilación. Debe ser mayor de 25 mm.
- Espacio libre horizontal: La distancia horizontal entre la cabeza de ensayo sobre la que está colocado el casco y la parte interior del casquete, medida en los laterales. Debe ser mayor de 5 mm.
- Altura de utilización: Distancia vertical desde el borde inferior de la banda de cabeza o banda de nuca, hasta el punto más elevado de la cabeza de ensayo sobre la que está colocado el casco, medida en la parte frontal y en los laterales.
- Arnés: El arnés incluirá:

    - Banda de cabeza/Banda de nuca: La longitud de la banda de cabeza o de la banda de nuca será ajustable, con incrementos no mayores a 5 mm.
    - Cofia: Si la cofia incorpora bandas textiles, su anchura individual no podrá ser menor de 15 mm., y el total de las anchuras de las cintas radiales a partir de su intersección no deberá ser menor de 72 mm.

- Banda de confort o banda antisudor: En el caso de utilizarse, la banda antisudor cubrirá la superficie frontal interior de la banda de cabeza, en una longitud no inferior a 100 mm. a cada lado del punto central de la frente.

- Barboquejo: La banda de cabeza o el casquete del casco incorporarán un barboquejo o los medios necesarios para acoplarlo. Todo barboquejo suministrado con el casco deberá tener una anchura no menor de 10 mm., medida cuando no se encuentra tensionado, y deberá poder sujetarse al casquete o a la banda de cabeza.
- Ventilación: En el caso de que el casco incorpore aberturas de ventilación, el área total de las mismas no podrá ser inferior a los 150 mm^2 y no superior a los 450 mm^2.
- Accesorios: A efectos de poder fijar los accesorios del casco, especificados en la información que acompaña al casco, deberán suministrarse los dispositivos de fijación o los orificios apropiados en el casquete por el fabricante del casco.

Marcado

a. El número de la Norma Europea EN 397.
b. El nombre o marca identificativa del fabricante.
c. El año y trimestre de fabricación.
d. El modelo del casco (denominación del fabricante). Debe marcarse tanto en el casco como en el arnés.
e. La talla o gama de tallas (en cm.). Debe marcarse tanto en el casco como en el arnés.
f. Abreviaturas referentes al material del casquete, conforme a la norma ISO 472 (ABS, PC, HDPE, etc.).

Tipos

- Cascos de seguridad (obras públicas y construcción, minas e industrias diversas).
- Cascos de protección contra choques e impactos.
- Prendas de protección para la cabeza (gorros, gorras, sombreros, etc., de tejido, de tejido recubierto, etc.).
- Cascos para usos especiales (fuego, productos químicos).

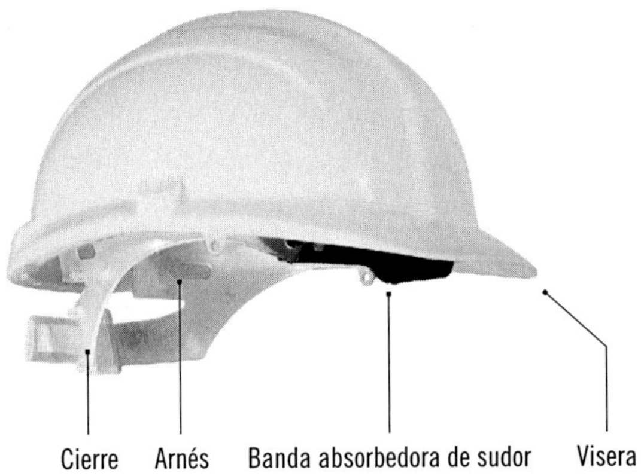

Recuerde

Los cascos de protección para la industria están previstos fundamentalmente para proteger al usuario contra la caída de objetos y las consecuentes lesiones cerebrales y fracturas de cráneo.

Aplicación práctica

Un operario de la construcción tiene un casco de protección con unas aberturas de ventilación de 500 mm^2, ¿esto es correcto?

SOLUCIÓN

No. El área total de las aberturas de ventilación no puede ser superior a los 450 mm^2.

Protectores de los oídos

La característica más importante de los protectores auditivos, ya sean unas orejeras o unos tapones, es la atenuación acústica que proporcionan. Por este motivo, es fundamental conocer algunos parámetros característicos de los protectores auditivos y cuáles son los métodos más conocidos para calcular la reducción del nivel de ruido mediante su uso. Los diferentes tipos son:

- Protectores auditivos tipo «tapones».
- Protectores auditivos desechables o reutilizables.
- Protectores auditivos tipo «orejeras», con arnés de cabeza, bajo la barbilla o la nuca.
- Cascos antirruido.
- Protectores auditivos acoplables a los cascos de protección para la industria.
- Protectores auditivos dependientes del nivel.
- Protectores auditivos con aparatos de intercomunicación.

Orejeras

Partes

- Casquete: Elemento hueco montado en el arnés, al que generalmente se acoplan una almohadilla y un relleno.
- Almohadilla: Elemento deformable fijado al contorno del casquete, que contiene un material de relleno generalmente líquido o de plástico esponjoso, para mejorar la confortabilidad y el ajuste de las orejeras sobre la cabeza.
- Orejera: Protector individual contra el ruido, compuesto por un casquete diseñado para ser presionado contra cada pabellón auricular, o por un casquete circumaural, previsto para ser presionado contra la cabeza englobando el pabellón auricular. Los casquetes pueden ser presionados contra la cabeza por medio de un arnés especial de cabeza o de cuello.
- Arnés: Banda, generalmente de metal o de plástico, diseñada para permitir un buen ajuste de la orejera alrededor de las orejas, ejerciendo una fuerza sobre los casquetes y una presión por medio de las almohadillas.

- Cinta de cabeza: Cinta flexible fijada a cada casquete o al arnés cerca del casquete. Está prevista para, pasando por encima del cráneo y descansando sobre él, sostener las orejeras con arnés de nuca o arnés bajo la barbilla.
- Pérdida de inserción: Diferencia algebraica en decibelios entre los niveles de presión acústica por banda de tercio de octava, obtenidos antes y después de acoplar la orejera sobre el dispositivo de ensayo.
- Relleno: Material absorbente acústico contenido en el interior del casquete, destinado a aumentar la atenuación acústica de las orejeras en ciertas frecuencias.
- Atenuación acústica: Para una señal dada, diferencia en decibelios entre los umbrales de audición de un sujeto de ensayo, experimentado con y sin el protector auditivo colocado.

Requisitos que deben cumplir

- Regulación: En función de las posibilidades de regulación que ofrezca la orejera, se define la gama de tallas a la que pertenece.
- Rotación de casquetes: El contacto entre las almohadillas de la orejera y el dispositivo de ensayo que simula la cabeza del usuario debe ser continuo, de tal manera que se asegure una barrera ininterrumpida entre los perímetros interno y externo de las almohadillas.

- Fuerza ejercida por el arnés: La fuerza ejercida por el arnés sobre el dispositivo de ensayo que simula la cabeza del usuario, no debe sobrepasar los 14 N.
- Presión de las almohadillas: La presión ejercida por las almohadillas de la orejera sobre el dispositivo de ensayo que simula la cabeza del usuario, no debe ser superior a 4500Pa.
- Resistencia al deterioro en caso de caída: Después de dejar caer la orejera desde 1,5 m. de altura sobre una placa de acero, el EPI no deberá resquebrajarse. En caso de que alguno de los componentes del EPI se desprenda de él, no será necesario el empleo de ningún tipo de herramienta ni tampoco la sustitución de la pieza por una nueva, para volver a acoplarlo correctamente.
- Resistencia a las bajas temperaturas (opcional): Se trata del mismo requisito descrito en el punto anterior, con la diferencia de que antes de dejar la orejera, ésta debe mantenerse un mínimo de cuatro horas en una cámara de refrigeración a -20º C.
- Variación de la fuerza ejercida por el arnés: La fuerza del arnés no puede variar ±20% con respecto a la fuerza medida originalmente, después de haber sometido las orejeras a los siguientes acondicionamientos:

    - Abrir y cerrar la orejera mil veces, con un ritmo de entre 10 y 12 ciclos, y separando los casquetes hasta un máximo de 200 mm.
    - Sumergir las orejeras durante 24 horas en agua, a una temperatura constante de 50 º C.
    - Acondicionamiento a alta temperatura (opcional): Se trata del mismo requisito detallado en el punto anterior, con una salvedad: cuando llega el momento de sumergir las orejeras en agua a 50 º C, se le debe colocar a la misma un espaciador que mantenga separados los casquetes una distancia de 145 mm.

- Pérdida de inserción: Las desviaciones típicas que presenta la orejera no deben resultar superiores, por una parte, a 4dB en, al menos, cuatro bandas de tercio de octava contiguas y, por otra parte, a 7dB en cada una de las bandas de tercio de octava.

- Resistencia a las fugas: Las almohadillas rellenas de líquido no deben presentar fugas cuando se les aplica una carga vertical de 28 N durante 15 minutos.
- Inflamabilidad: Sobre diversos puntos de la orejera, se aplica una varilla de acero calentada previamente a 65° C, y se valora si ninguna parte de la orejera arde o permanece incandescente después de ser retirada la varilla caliente.

Tapones

Objeto y campo de aplicación

La norma UNE- EN 352-2 establece los requisitos de acabado, diseño y prestaciones relativas a los tapones auditivos, así como los métodos de ensayo, marcado e información destinada a los usuarios.

También se abordan los tapones auditivos moldeados personalizados y los tapones unidos por un arnés o una banda. Sin embargo, no aborda los dispositivos electrónicos que pueden ser incorporados en el interior de los tapones, ni los tapones dependientes de nivel. Esta norma tampoco trata los requisitos de los protectores auditivos frente al ruido impulsivo.

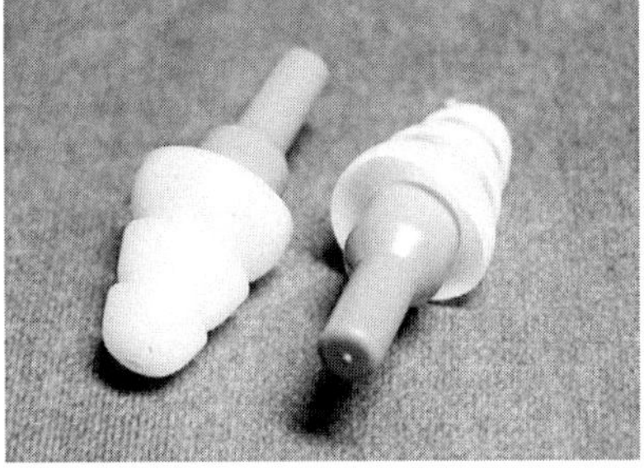

Definiciones

Tapones auditivos: Protectores contra el ruido, que se llevan en el interior del conducto auditivo externo (aural), o en la concha a la entrada del conducto auditivo externo (semiaural).

Existen diferentes tipos de tapones auditivos:

- Tapón auditivo desechable: previsto para ser usado una única vez.
- Tapón auditivo reutilizable: previsto para ser usado más de una vez.
- Tapón auditivo moldeado personalizado: confeccionado a partir de un molde de la concha y conducto auditivo del usuario.
- Tapón auditivo unido por un arnés: tapones unidos por un elemento de conexión semirígido.

Recuerde

La característica más importante de los protectores auditivos, ya sean unas orejeras o unos tapones, es la atenuación acústica que proporcionan.

Protectores de los ojos y de la cara

- Gafas de montura «universal».
- Gafas de montura «integral» (uniocular o biocular).
- Gafas de montura «cazoletas».
- Pantallas faciales.
- Pantallas para soldadura (de mano, de cabeza, acoplables a casco de protección para la industria).

Se utilizan para:

- Trabajos de soldadura, esmerilados o pulidos y corte.
- Trabajos de perforación y burilado.
- Talla y tratamiento de piedras.
- Manipulación o utilización de pistolas grapadoras.
- Utilización de máquinas que levanten virutas, en la transformación de materiales que produzcan virutas cortas.

- Trabajos de estampado.
- Recogida y fragmentación de vidrio, cerámica.
- Trabajo con chorro proyector de abrasivos granulosos.
- Manipulación o utilización de productos ácidos y alcalinos, desinfectantes y detergentes corrosivos.
- Manipulación o utilización de dispositivos con chorro líquido.
- Trabajos con masas en fusión y permanencia cerca de ellas.
- Actividades en un entorno de calor radiante.
- Trabajos con láser.
- Trabajos eléctricos en tensión, en baja tensión.

Protección de las vías respiratorias

- Equipos filtrantes de partículas (molestas, nocivas, tóxicas o radiactivas).
- Equipos filtrantes de gases y vapores.
- Equipos filtrantes mixtos.
- Equipos aislantes de aire libre.
- Equipos aislantes con suministro de aire.
- Equipos respiratorios con casco o pantalla para soldadura.
- Equipos respiratorios con máscara amovible para soldadura.
- Equipos de submarinismo.

La vida útil de un filtro respiratorio depende de su tamaño y de las condiciones de uso. Por tanto, no puede fijarse un tiempo determinado de utilización, sino que éste variará dependiendo de varios factores que hay que tener en cuenta, como: concentración de los contaminantes y combinación de los mismos, humedad y temperatura ambiental, duración del uso y tasa respiratoria del usuario.

Para saber cuándo se acerca el final de la vida del filtro y poder cambiarlo, según el tipo de filtro, se debe considerar lo siguiente:

- En filtros de partículas, se producirá un aumento de la resistencia a la respiración.
- En los filtros de gas, por un sabor u olor característico del contaminante.
- En los filtros combinados, por un sabor u olor considerable y/o un aumento de la resistencia respiratoria.

MÁSCARA

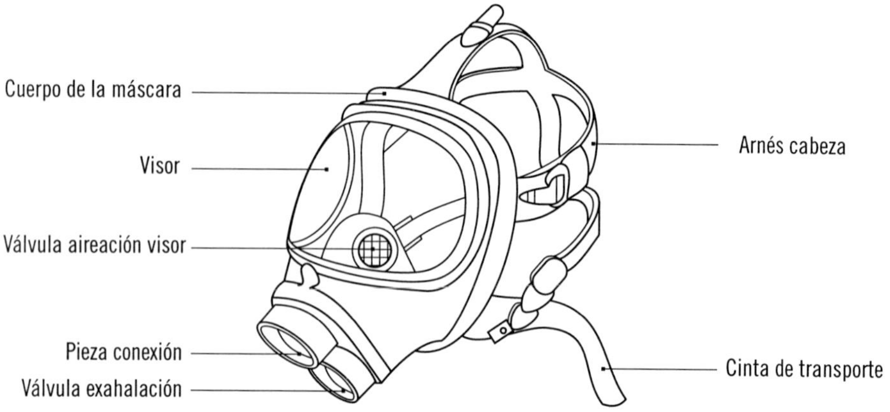

Protectores de manos y brazos

- Guantes contra las agresiones mecánicas (perforaciones, cortes, vibraciones).
- Guantes contra las agresiones químicas.
- Guantes contra las agresiones de origen eléctrico.

- Guantes contra las agresiones de origen térmico.
- Manoplas.
- Manguitos y mangas.

Materiales de los guantes

La **piel** es el material más antiguo utilizado en la confección de guantes. Es un producto natural, transpirable y flexible, que cubre gran parte de los riesgos habituales de la mayoría de las industrias. La piel se caracteriza por su durabilidad, destreza y resistencia térmica.

Se presenta en dos formas: flor y serraje.

- Flor: Es la mejor parte de la piel. Proporciona tacto, flexibilidad y gran resistencia mecánica.
- Serraje: Parte interna de la piel, considerada como un subproducto de ésta. Generalmente es más dura y pesada que la piel flor. Presenta buena resistencia al corte, perforación y al calor (dependiendo del grosor), y permite el agarre de objetos mojados o húmedos.

En el serraje, se puede distinguir entre:

- Serraje intermedio: Es la parte que se encuentra entre la carne y la flor de la piel o cara externa. Es utilizada para los guantes más económicos y de menor resistencia y duración.
- Serraje carne: Es la parte más interior de la piel. Utilizado para guantes de serraje o reforzados y para artículos de soldador.

En función de la parte del animal, la piel puede clasificarse en:

- Cuello: Es la parte más económica, proporciona fibras largas y de menor grosor que la falda.
- Crupón: Parte central del cuerpo, es la zona más selecta.
- Falda: Es una parte menos resistente que el crupón, sus grosores son poco uniformes.

Atendiendo al animal de procedencia, puede establecerse la siguiente tipología:

- Cabra: Es una piel flexible y muy resistente, con un excelente tacto.
- Cordero: De similares características a la piel de cabra, es menos resistente a la abrasión. Muy suave al tacto.
- Vacuno: Ofrece unas excelentes propiedades mecánicas y es muy resistente a la perforación. Transpirable y confortable.
- Búfalo: Sus propiedades son similares a las de la piel de vacuno, presentando el inconveniente de que se endurece con el tiempo y pierde flexibilidad.
- Ciervo: Es muy flexible, suave y resistente frente a la abrasión.
- Cerdo: Permite una ventilación superior a la de otras pieles, aunque su resistencia a la abrasión, corte y desgarro es más limitada y ofrece menor comodidad, flexibilidad y destreza.

Piel sintética: La evolución tecnológica ha permitido la obtención de materiales como la piel sintética, que constituye una alternativa a la piel natural para la confección de guantes de protección contra riesgos mecánicos. Se trata de un material lavable y con unas excelentes propiedades de resistencia a la abrasión, calidad homogénea y confort.

Tejidos

Además de la piel, en la fabricación de guantes se emplean las fibras textiles (en sus variantes naturales y sintéticas), y otros productos sintéticos.

- Algodón: Fibra natural, muy absorbente, que permite la transpiración y evita las irritaciones. Presenta una buena resistencia mecánica y una calidad térmica media. Resulta confortable, pese a un uso prolongado.
- Poliamida (Nylon): Es resistente a la abrasión, aunque no absorbe la humedad. No se deforma y seca rápidamente.
- Poliéster: No transpira, por lo que suele combinarse con fibras naturales, como el algodón. Ofrece una gran resistencia a la tracción y a la abrasión.
- Kevlar: Fibra para-aramida de gran tenacidad (cinco veces más resistente que el hilo de acero), ignífuga y resistente al corte. Carboniza entre 425 y 475º C.

- Nomex: Fibra Polimérica Aramida que no arde. Frente a la llama, las fibras crean una gruesa barrera de aire entre la fuente de calor y la piel.
- Dyneema: Polietileno de alta densidad que, a igualdad de peso, es diez veces más resistente que el acero. Con excelentes propiedades anti-cortes y resistente a las radiaciones ultravioletas.
- Thunderon: Fibra orgánica que descarga la electricidad estática por conducción electrostática, lo que evita el deterioro de los productos o componentes manipulados.
- Spectra: Polímero de alta densidad, muy resistente al corte. A igualdad de peso, esta fibra es diez veces más resistente que el acero y un 40% más resistente que las fibras aramidas.
- Thinsulate (3M): Fibra muy fina de poliéster sin tejer. Excelente aislante del frío, gran confort y resistente a la humedad.

Materiales de revestimiento

- Látex natural: Caucho natural (Hevea Braziliensis) con alto nivel de comodidad, elasticidad y destreza. Impermeable al agua, a los alcoholes y detergentes. Puede provocar alergias.
- Neopreno (policloropreno): Caucho sintético de gran flexibilidad, ductilidad, y gran resistencia a gasolinas, aceites y lubricantes. Buena resistencia al ozono.
- Nitrilo (Nitrilo, Butadieno Rubber): Caucho sintético con buena resistencia a los aceites
- PVC: Polímero sintético que proporciona buena resistencia a productos químicos acuosos (ácidos y álcalis) y a las grasas e hidrocarburos. Posee buena flexibilidad y resistencia a la abrasión, sin que sea causante de alergias.
- Butil: Caucho sintético de alta tecnología, resistente a productos químicos orgánicos y corrosivos. Proporciona muy alta impermeabilidad frente a gases y vapor de agua, manteniendo la flexibilidad incluso a bajas temperaturas.
- Viton: Polímero fluorado que es el más resistente de todos los cauchos sintéticos. Protege contra los productos químicos tóxicos y altamente permeables. Es un excelente resistente a la mayoría de disolventes conocidos, el gas y los vapores de agua. Es flexible y ofrece buena resistencia a la abrasión y al corte.

Acabados interiores

- Clorinado: Este procedimiento consiste en un lavado del guante con agua clorada, mediante el cual se eliminan materias orgánicas, bacterias y virus, con lo que se consigue un interior suave y deslizante.
- Empolvado: Se deposita en el interior polvo, generalmente de almidón de maíz (u otro bien tolerado dermatológicamente), que limita los defectos de la transpiración y facilita el enfundado y desenfundado del guante.
- Flocado: Consiste en colocar una fibra textil, a base de algodón, que recubre el interior del guante y crea un tacto agradable. Además, el flocado facilita la absorción del sudor.

La galga

En los guantes que están realizados con tejido de punto (tejido formado por mallas o bucles entrelazados de hilo), la aguja es el elemento principal de la labor. La galga representa el número de agujas de un telar en una pulgada inglesa (2,54 cm.). Cuanto más fina es la galga, más grueso es el guante, y mayor la protección que aporta. Cuanto más gruesa es la galga, más fino es el guante, consiguiéndose mayor dexteridad y sensibilidad, pero menor nivel de protección. Así, la galga 7 emplea un hilo grueso, la galga 10, un hilo medio, y la galga 13, un hilo fino.

PARTES DE UN GUANTE DE PIEL

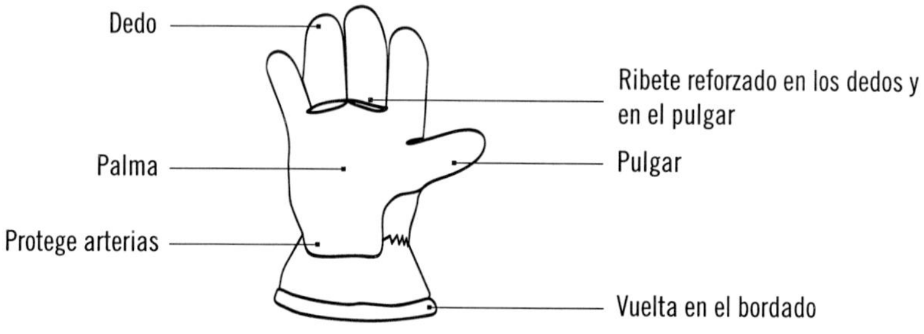

PARTES DE UN GUANTE DE PIEL

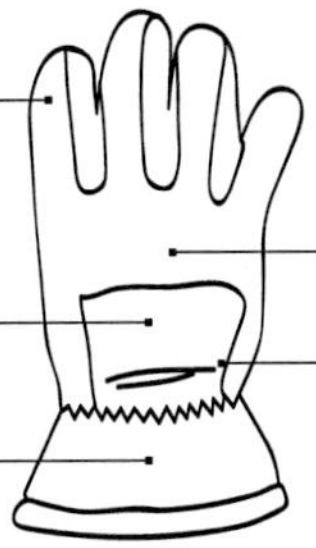

Protectores de pies y piernas

- Calzado de seguridad.
- Calzado de protección.
- Calzado de trabajo.
- Calzado y cubre-calzado de protección contra el calor.
- Calzado y cubre-calzado de protección contra el frío.
- Calzado frente a la electricidad.
- Calzado de protección contra las motosierras.
- Protectores amovibles del empeine.
- Polainas.
- Suelas amovibles (antitérmicas, antiperforación o antitranspiración).
- Rodilleras.

Se utilizan en:

- Trabajos de obra gruesa, ingeniería civil y construcción de carreteras.
- Trabajos en andamios.
- Obras de demolición de obra gruesa.
- Obras de construcción de hormigón y de elementos prefabricados, que incluyan encofrado y desencofrado.
- Actividades en obras de construcción o áreas de almacenamiento.
- Obras de techado.
- Trabajos en puentes metálicos, edificios metálicos de gran altura, postes, torres, ascensores, construcciones hidráulicas de acero, instalaciones de altos hornos, acerías, laminadores, grandes contenedores, cana-

lizaciones de gran diámetro, grúas, instalaciones de calderas y centrales eléctricas.

- Obras de construcción de hornos, montaje de instalaciones de calefacción, ventilación y estructuras metálicas.
- Trabajos de transformación y mantenimiento.
- Trabajos en las instalaciones de altos hornos, plantas de reducción directa, acerías, laminadores, fábricas metalúrgicas y talleres de martillo, talleres de estampado, prensas en caliente y trefilerías.
- Trabajos en canteras, explotaciones a cielo abierto y desplazamiento de escombreras.
- Trabajos y transformación de piedras.
- Fabricación, manipulación y tratamiento de vidrio plano y vidrio hueco.
- Manipulación de moldes en la industria cerámica.
- Obras de revestimiento cerca del horno en la industria cerámica.
- Moldeado en la industria cerámica pesada y de materiales de construcción.
- Transportes y almacenamientos.
- Manipulaciones de bloques de carne congelada y bidones metálicos de conservas.
- Obras de construcción naval.
- Maniobras de trenes.

Protectores de la piel

- Cremas de protección y pomadas.

Protectores del tronco y el abdomen

- Chalecos, chaquetas y mandiles de protección contra las agresiones mecánicas (perforaciones, cortes, proyecciones de metales en fusión).
- Chalecos, chaquetas y mandiles de protección contra las agresiones químicas.
- Chalecos termógenos.
- Chalecos salvavidas.
- Mandiles de protección contra los rayos X.
- Cinturones de sujeción del tronco.
- Fajas y cinturones anti-vibraciones.

Protección total del cuerpo

- Equipos de protección contra las caídas de altura.
- Dispositivos anticaídas deslizantes.
- Arneses.
- Cinturones de sujeción.
- Dispositivos anticaídas con amortiguador.
- Ropa de protección.
- Ropa de protección contra las agresiones mecánicas (perforaciones, cortes).
- Ropa de protección contra las agresiones químicas.
- Ropa de protección contra las proyecciones de metales en fusión y las radiaciones infrarrojas.
- Ropa de protección contra fuentes de calor intenso o estrés térmico.
- Ropa de protección contra bajas temperaturas.
- Ropa de protección contra la contaminación radiactiva.
- Ropa antipolvo.
- Ropa antigás.
- Ropa y accesorios (brazaletes, guantes) de señalización (reflectantes, fluorescentes).

3. Identificación, uso y manejo de los equipos de protección individual

El EPI no tiene por finalidad realizar una tarea o actividad, sino proteger al usuario de los riesgos que la tarea o actividad presenta. Tampoco está destinado a proteger a personas ajenas o productos.

Los complementos o accesorios cuya utilización sea indispensable para el correcto funcionamiento del equipo y contribuyan a asegurar la eficacia protectora del conjunto, también tienen consideración de EPI.

No se considera EPI la ropa de trabajo cuya utilización sirva, aunque sea específica de la actividad, como elemento diferenciador de un colectivo, y no para proteger la salud o la integridad física de quien la utiliza. Tampoco se considera EPI aquella ropa de trabajo cuya finalidad no es proteger la salud y la seguridad del trabajador, sino que se utiliza como medio de protección de la ropa de calle frente a la suciedad (por ejemplo, las batas).

Se considera que la ropa de trabajo es un EPI, cuando la misma protege la salud o la seguridad frente a un riesgo evaluado.

Antes de utilizar el EPI, hay que asegurarse de su adecuación frente al riesgo y las consecuencias graves de las que protege. No todo vale para todo. Ejemplos:

- Los equipos de protección de vías respiratorias tienen unos filtros de retención, que son específicos dependiendo del tipo de contaminante. Habrá que mirar si el filtro de retención es el que corresponde al contaminante, comprobar su fecha de caducidad y su perfecto estado de conservación.
- Los guantes de protección frente a contaminantes químicos son específicos del contaminante. Se debe comprobar el producto que se va a manipular y elegir el guante con la protección correspondiente.

Hay que colocar y ajustar correctamente el EPI, siguiendo las instrucciones del fabricante y las indicaciones del folleto informativo, así como la formación e información que respecto a su uso se ha recibido.

Después, habrá que comprobar el entorno en el que se va a utilizar, mirar las limitaciones que presenta y utilizarlo únicamente en esos casos. Si sobrepasa dichas limitaciones, el EPI no tiene eficacia, sería equivalente a no llevar protección.

Por último, hay que llevarlo puesto mientras se esté expuesto al riesgo.

Si, como consecuencia de las consideraciones anteriores, el tiempo de utilización puede generar riesgos adicionales, habrá que planificar y establecer periodos de descanso y pausas.

? **Sabía que...**

Estudios realizados sobre equipos de protección respiratoria, alertan de que llevar el equipo durante un periodo más corto del previamente establecido supone un decrecimiento del grado de protección, resultando un grado de protección equivalente a prácticamente no haber utilizado el equipo.

4. Selección de los equipos de protección, según el tipo de riesgo

La elección de un equipo de protección individual empieza por conocer los riesgos laborales que se pretenden evitar o controlar. Una vez que estos son conocidos, se está en disposición de identificar los distintos tipos de protectores que se deben usar, así como las normas que estos deben cumplir para proteger correctamente cada parte del cuerpo.

Cada trabajador debe ser informado sobre los riesgos y medidas preventivas que se deben adoptar en su puesto de trabajo. Esta información es facilitada habitualmente por el responsable, mediante un documento, denominado *Información sobre riesgos y medidas preventivas*. En dicha información, se debe hacer constar el equipo de protección individual que debe utilizarse durante el desarrollo habitual de la actividad laboral. Se deberá concretar, además, el tipo de protector o protectores a utilizar, la norma y el rendimiento del equipo.

Dado que las condiciones en las que se va a utilizar el EPI dependen de las condiciones del lugar de trabajo, tales como la temperatura (calor o frío), humedad ambiental, concentración de oxígeno, etc., hay que considerar, a la hora de elegir el EPI, que responda a las condiciones existentes en el lugar de trabajo.

Ejemplo

En un ambiente caluroso y húmedo, el EPI puede disminuir la sudoración e incrementar el riesgo de golpe de calor. Por tanto, habrá que elegir un tipo de EPI que facilite la transpiración del trabajador que lo utiliza.

En el informe de Evaluación de Riesgos de una empresa, se informa sobre los riesgos existentes en un puesto de trabajo y las medidas preventivas más adecuadas para evitar o controlar dichos riesgos. Cuando el control de las situaciones de riesgo no se pueda realizar mediante acciones correctoras de ámbito general, se recomendará la utilización de equipos de protección individual que minimicen el riesgo. En estos casos, el informe debe recoger el tipo y norma que debe cumplir el equipo, además de cualquier otra información específica que se requiera para que la identificación del equipo a usar por el trabajador garantice su protección efectiva.

Recuerde

La elección de un equipo de protección individual empieza por conocer los riesgos laborales que se pretenden evitar o controlar.

5. Mantenimiento de los equipos de protección

Para diseñar cualquier programa de protección personal, es imprescindible evaluar, de forma completa y realista, los costes de mantenimiento y reparación del equipo.

Los EPI están sujetos a degradación paulatina de su rendimiento en el uso normal y a fallos completos en condiciones extremas, como las emergencias. Al considerar los costes y las ventajas de utilizar la protección personal como medio de control de riesgos, es muy importante tener en cuenta que los costes de iniciar un programa suponen sólo una parte de los gastos totales de mantenimiento del programa a lo largo del tiempo. Las actividades de mantenimiento, reparación y sustitución del equipo deben considerarse costes fijos de ejecución del programa, pues son esenciales para conservar la eficacia de la protección.

Estas consideraciones sobre el programa deben comprender ciertas decisiones básicas, por ejemplo, si deben emplearse EPI de un único uso (de "usar y tirar") o reutilizables y, en este segundo caso, cuál es la duración del servicio razonablemente previsible antes de que sea necesario sustituirlos.

Estas decisiones pueden ser muy obvias, como ocurre en el caso de los guantes o mascarillas de protección respiratoria de un solo uso, pero en muchas otras ocasiones es preciso evaluar con atención si resulta eficaz reutilizar trajes o guantes protectores, contaminados por el uso anterior.

La decisión de desechar o reutilizar un dispositivo protector caro debe adoptarse después de estimar con detenimiento el riesgo de exposición que implicaría para un trabajador la degradación de la protección o la contaminación del propio dispositivo. Los programas de mantenimiento y reparación del equipo deben prever la toma de decisiones de este tipo.

6. Resumen

Los equipos de protección individual proporcionan una protección eficaz frente a los riesgos que motivan su uso, sin suponer por sí mismos u ocasionar riesgos adicionales ni molestias innecesarias. A tal fin, hay que tener en cuenta las condiciones anatómicas, fisiológicas y el estado de salud del usuario, para que el EPI se adapte, tras los ajustes necesarios. En este sentido, se deberán seleccionar aquellos EPI que cumplan los aspectos técnicos que mejor se adapten a las características personales del usuario. Los usuarios deben, por tanto, participar en la elección.

Ejercicios de repaso y autoevaluación

1. **¿De qué categoría se consideran los equipos destinados a proteger contra riesgos mínimos?**

   a. Categoría I
   b. Categoría II
   c. Categoría III
   d. Categoría IV

2. **¿Cuál es la masa mínima de la que debe proteger un casco?**

   a. 2kg desde 1 m. de altura.
   b. 3kg desde 1 m. de altura.
   c. 4kg desde 1 m. de altura.
   d. 5kg desde 1 m. de altura.

3. **¿Cuál es el espacio mínimo entre la superficie del casco y la cabeza del usuario?**

   a. 15 mm.
   b. 20 mm.
   c. 25 mm.
   d. 30 mm.

4. **De las siguientes opciones, señale cuál es característica de la piel.**

   a. Durabilidad.
   b. Destreza.
   c. Resistencia térmica.
   d. Todas las respuestas son correctas.

5. **Complete los espacios vacíos.**

   Se entiende por Equipo de Protección Individual, __________ cualquier equipo destinado a ser llevado o sujetado por el __________________ para que le proteja de uno o varios ______________ que puedan amenazar su ____________________ o su salud, así como _________________________ o accesorio destinado a tal fin.

6. Los EPI están sujetos a degradación paulatina de su rendimiento en el uso normal y a fallos completos en condiciones extremas, como las emergencias.

a. Verdadero.
b. Falso.

Bibliografía

- PEUSER, F. A.; SCHNAUSS, M. REMMERS, K. H.: *Sistemas Solares Térmicos: Diseño e instalación*. Promotora General de Estudios, S.A., 2005.

- FERNÁNDEZ Salgado, J. M. GALLARDO Rodríguez, V.: *Energía solar térmica en la edificación*. Madrid: Editorial AMV ediciones, 2004.

- ENRÍQUEZ Palomino, A. GONZÁLEZ Barriga, J. M. PIZARRO Garrido, N. SÁNCHEZ Rivero, J. M.: *Seguridad en el Trabajo*. FC Editorial, 2007.

- SÁNCHEZ Rivero, J. M.: *El Técnico de Prevención*. Fundación Confemetal, 2005.

- PERALES Benito, T.: *Guía del Instalador de Energías Renovables*. Creaciones Copyright.

- MONGE Malo, L.: *Instalaciones de Energía Solar Térmica para la obtención de ACS en viviendas*. Marcombo, S.A.

- TOBAJA Vázquez, M.: *Energía Solar Térmica para Instaladores adaptado al CTE y RITE 2007*. CEYSA, 2008.

- ROMERO Tous, M.: *Energía Solar Térmica de Baja Temperatura*. Grupo Editorial CEAC, S.A., 2009.

- FERNÁNDEZ Salgado, J. M.: *Guía Completa de la Energía Solar Térmica Adaptada al Código Técnico de la Edificación (CTE)*. Editor: Antonio Madrid Vicente, 2007.